问茶衢州：北纬30°的茶汤之味

中国茶文化丛书

沈学政　程相　主编

中国农业出版社
北京

《中国茶文化丛书》编委会

本书为衢州市茶文化研究会“地域茶文化研究”成果

本书编委会

主　编：沈学政　程　相
副主编：李钦新　顾冬珍　程慧林
参　编：徐路楣　章　萍　张露萍　徐汝松

总序

TOTAL ORDER

茶文化是中国传统文化中的一束奇葩。改革开放以来，随着我国经济的发展，社会生活水平的提高，国内外文化交流的活跃，有着悠久历史的中国茶文化重放异彩。这是中国茶文化的又一次出发。2003年，由中国农业出版社出版的《中国茶文化丛书》可谓应运而生，该丛书出版以来，受到茶文化事业工作者与广大读者的欢迎，并多次重印，为茶文化的研究、普及起到了积极的推动作用，具有较高的社会价值和学术价值。茶文化丰富多彩，博大精深，且能与时俱进。为了适应现代茶文化的快速发展，传承和弘扬中华优秀传统文化，应众多读者的要求，中国农业出版社决定进一步充实、丰富《中国茶文化丛书》，对其进行完善和丰富，力求在广度、深度和精度上有所超越。

茶文化是一种物质与精神双重存在的复合文化，涉及现代茶业经济和贸易制度，各国、各地、各民族的饮茶习俗、品饮历史，以品饮艺术为核心的价值观念、审美情趣和文学艺术，茶与宗教、哲学、美学、社会学，茶学史，茶学教育，茶叶生产及制作过程中的技艺，以及饮茶所涉及的器物和建筑等。该丛书在已出版图书的基础上，系统梳理，查缺补漏，修订完善，填补空白。内容大体包括：陆羽《茶经》研究、中国近代茶叶贸易、茶叶质量鉴别与消费指南、饮茶健康之道、茶文化庄园、茶文化旅游、茶席艺术、大唐宫廷茶具文化、解读潮州工夫茶等。丛书内容力求既有理论价值，又有实用价值；既追求学术品位，又做到通俗易懂，满足作者多样化需求。

一片小小的茶叶，影响着世界。历史上从中国始发的丝绸之路、瓷器之路，还有茶叶之路，它们都是连接世界的商贸之路、文明之路。正是这种海陆并进、纵横交错的物质与文化交流，牵连起中国与世界的交往与友谊，使茶和咖啡、可可成为世界三大无酒精饮料，茶成为世界消费量仅次于水的第二大饮品。而随之而生的日本茶道、韩国茶礼、英国下午茶、俄罗斯茶俗等的形成与发展，都是接受中华文明的例证。如今，随着时代的变迁、社会的进步、科技的发展，人们对茶的天然、营养、保健和药效功能有了更深更广的了解，茶的利用已进入到保健、食品、旅游、医药、化妆、轻工、服装、饲料等多种行业，使饮茶朝着吃茶、用茶、玩茶等多角度、全方位方向发展。

习近平总书记曾指出：一个国家、一个民族的强盛，总是以文化兴盛为支撑的。没有文明的继承和发展，没有文化的弘扬和繁荣，就没有中国梦的实现。中华民族创造了源远流长的中华文化，也一定能够创造出中华文化新的辉煌。要坚持走中国特色社会主义文化发展道路，弘扬社会主义先进文化，推动社会主义文化大发展大繁荣，不断丰富人民精神世界，增强精神力量，努力建设社会主义文化强国。中华优秀传统文化是习近平总书记十八大以来治国理念的重要来源。中国是茶的故乡，茶文化孕育在中国传统文化的基本精神中，实为中华民族精神的组成部分，是中国传统文化中不可或缺的内容之一，有其厚德载物、和谐美好、仁义礼智、天人协调的特质。可以说，中国文化的基本人文要素都较为完好地保存在茶文化之中。所以，研究茶文化、丰富茶文化，就成为继承和发扬中华传统文化的题中应有之义。

当前，中华文化正面临着对内振兴、发展，对外介绍、交流的双重机遇。相信该丛书的修订出版，必将推动茶文化的传承保护、茶产业的转型升级，提升茶文化特色小镇建设和茶旅游水平；同时对增进世界人民对中国茶及茶文化的了解，发展中国与各国的

友好关系，推动“一带一路”建设将会起到积极的作用，有利于扩大中国茶及茶文化在世界的影响力，树立中国茶产业、茶文化的大国和强国风采。

姚国坤

2017年6月

序言
PREFACE

茶，不仅具有文化属性，同时也具有经济属性。对于具有自然资源禀赋的乡村，茶的重要性更是不言而喻。

衢州，地处中国浙江省的西部，乃“四省通衢”交汇地带，与福建、江西、安徽等主要产茶省份毗邻，产茶历史悠久。

在中国茶叶发展史中，浙西地区是不可或缺的一环。它位于中国名茶集中产区——北纬30°。按照黄仲先先生的分类，北纬30°包含了新安江区域和武陵山区域，可知浙西衢北山区应归属于新安江区域，为绿茶黄金产区。这里山川自然生态优越，所产茶叶不仅是历代贡茶，也是晚清和民国时期重要的大宗出口商品，为中华复兴提供了大量的经济支持。但是，遗憾的是在各种文献资料中对于1949年前浙西山区的茶叶发展记录并不详尽。比之同时期的杭嘉湖区、宁绍台区，衢州地区的地位显得微不足道。在1936年出版的《浙江之茶》一书中，曾提到当时浙江全省有75县，其中产茶者有62县。全省茶园面积约53万亩，而衢县仅为250亩。虽然产量不大，但事实上衢州地区在中国茶叶发展历程中具有特殊地位。

元朝时，马可·波罗曾到达衢州，并将之写入了他的《马可波罗游记》。

1631年，开化向朝廷进贡芽茶4斤，从此开启了浙西茶叶的贡茶史。

1793年，马戛尔尼使团访华失败，随后游历中国。他们经过衢州府城，沿常玉古道前往江西。途中采摘了中国茶树，送到印度，成为茶叶历史上最早的“盗猎者”。

1849年，罗伯特·福均也依循前人路线，重走常玉古道。

这些历史积淀，也为其后东南茶叶改良总场的建立打下了基础。1941年，时任民国中央贸易委员会茶叶处处长的吴觉农先生带着大批同仁弟子，长途跋涉从四川来到衢州，筹建了东南茶叶改良总场（中国茶叶研究所前身），开始了艰苦卓绝的中国茶叶复兴之路。这是中国最早成立的茶叶科学专业研究所，编辑出版了中国最早的茶叶刊物之一《万川通讯》，汇聚了大量茶界专家如庄晚芳、陈椽、吴振铎等，创造了战时奇迹。他们发动茶农对老茶园进行"茶树更新运动"，支援抗日战争，增产茶叶，提高质量，组织收购、加工和出口，履行中苏以茶叶为主的"易货贸易"合同。浙西衢州遂成为中国茶业革命实验地，引来重要的发展契机。

虽然学术界对于浙西地区的研究几乎是空白的，鲜有文字记录。但改革开放后，随着茶业在中国农业经济发展中占有越来越重要的地位，浙江衢州地区也陆续培育出了诸如"开化龙顶茶""江山绿牡丹""罗洋曲毫""龙游黄茶"等一些名优茶品，以振兴当地经济。同时，茶叶的大量生产，也促进了茶叶机械的发展。当下的衢州，不仅是全国重要的绿茶生产区，同时也成了中国茶机之都。

回顾历史，当年吴觉农先生选择在衢州筹建东南茶叶改良总场时，除了当地险峻的山势条件外，是否还与其已有的茶叶发展基础有关呢？这不仅让我们提出一个学术设想，浙西衢州山区是否有着丰富的茶叶和茶文化资料的积累，正因为有良好的积淀，所以才成为当时中国茶叶复兴改革的重要基地。循着这样的设想，为振兴地方经济，挖掘农业文化遗产资源，我们通过历史文献的查阅和田野调查，从史学和文化学的角度试图梳理衢州茶叶发展历程。

如今，当年的改良场已不见踪影，但千里岗山脉、仙霞岭山

脉依旧巍峨，实验改革的精神依旧澎湃。作为国家级历史文化名城的衢州，南宗孔庙所在地，我们希望通过本书的研究成果，围绕乡村振兴的宏大主题，以特色文化作为可持续发展的新路径，通过对浙西山区茶文化资源的调研和梳理，创造具有人文生态特色的山区经济文化示范高地。

对于一个地方农业文化的记述，我们试图从历史和当代的双重脉络上进行构架，解读植物属性背后的文化内涵。植物的发展史，既是人类文明的进步史，也是地方文化经济的演变史。何况，茶的多元属性，决定了它不仅仅只是对于一片叶子的书写。

沈学政

2022年5月于中国杭州

目录
CONTENTS

总序
序言

第一篇　概貌篇 / 1

第一节　东南铁城 / 1
第二节　自然衢茶 / 6
第三节　儒风茶礼 / 12

第二篇　茶路篇 / 19

第一节　水道古渡 / 19
第二节　清湖码头与仙霞古道 / 26

第三篇　龙游篇 / 31

第一节　龙游方山茶 / 31
第二节　复苏的龙游茶 / 36
第三节　崛起的龙游黄 / 45

第四篇　江山篇 / 53

第一节　江山绿牡丹 / 54
第二节　仙霞茶场 / 64
第三节　历史与创新 / 68

第五篇　开化篇 / 75

第一节　明清贡茶 / 76
第二节　遂绿时代 / 81
第三节　开化龙顶 / 85

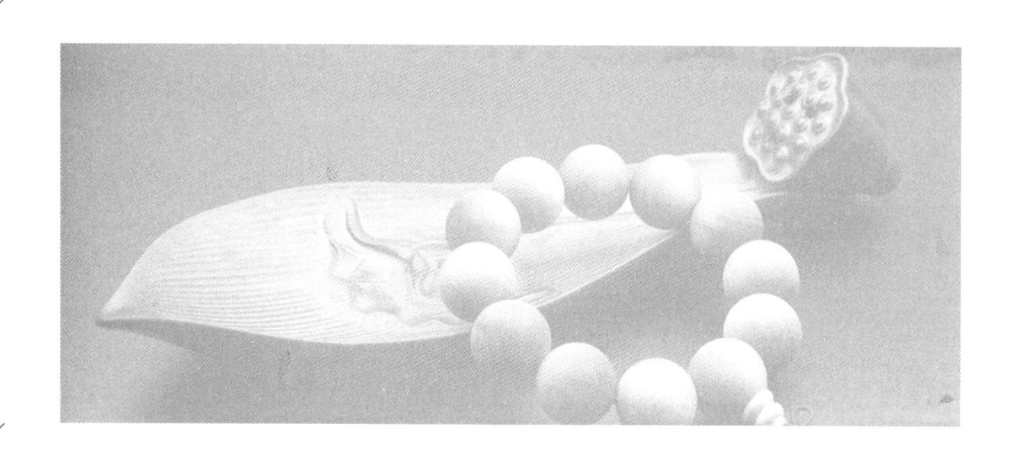

第六篇　常山篇 / 92

第一节　常玉古道 / 93
第二节　常山银毫 / 101

第七篇　府城篇 / 105

第一节　灰坪白塔茶 / 105
第二节　衢江茶灯戏 / 109
第三节　衢州玉露茶 / 111

第八篇　人物篇 / 115

第一节　万川和吴觉农 / 115
第二节　开化与朱熹 / 122
第三节　方豪的茶诗 / 125

第九篇　茶机篇 / 129

第一节　茶叶与机械 / 129
第二节　中国茶机之都 / 135
第三节　创新的衢州茶机 / 137

第十篇　茶具篇 / 143

第一节　中国白瓷与婺州窑 / 143
第二节　衢州莹白瓷 / 151

附表1　2018年衢州市茶叶产量产值统计表 / 156
附表2　2018年衢州市茶叶面积统计表 / 157
附表3　2018年衢州市茶产业从业人员与产值情况统计表 / 158
后记 / 159

第一篇

概貌篇

在浙江的西部，有一个著名的城市——衢州。

衢州，不仅是东南铁城，而且还是儒学的南方根据地，孔氏后裔的居住地，世称“南孔”。当地自然风光极为秀丽，江郎山、烂柯山、廿八都、仙霞雄关等曾经出现在徐霞客游记中的自然遗产比比皆是，同时也是金庸小说中武林侠客隐士们的留恋所在。仙霞古道、常玉古道、钱塘江源，曾经承载了无数来往商旅行人、文人墨客的交通要道，同时也是众多历史事件的见证者。

我们的故事，从衢州的茶开始。“自从陆羽生人间，人间相学事春茶。”一片叶子，记录一个地区的发展史。这不是一部单纯的关于植物的自然书籍，而是关于经济作物生产与地域人文演变的文化书籍。

第一节　东南铁城

衢州地处浙西，交通便利，自古有四省通衢之美名，此地能控鄱阳之肘腋，扼瓯闽之咽喉，连宣徽之声势，集百越之精华，是历代兵家必争重镇，号称“东南铁城”。衢之建县，始于东汉初平三年（192），当时称新安，晋时改名信安。唐朝初年于信安置衢州，咸通年间易信安为西安，民国元年始称衢县，前后有近两千年的发展史[①]。现位于浙江西部，为浙江省

① 中国人民政治协商会议、浙江省衢县委员会文史资料研究委员会，1987，衢县文史资料，第一辑（内部发行）。

地级市。

衢州地处钱塘江上游，金（华）衢（州）盆地西端。南接福建南平，西连江西上饶、景德镇，北邻安徽黄山，东与省内金华、丽水、杭州三市相交。衢州是闽、浙、赣、皖四省边际中心城市，浙西生态市，下辖柯城区、衢江区、江山市、龙游县、常山县和开化县。

衢州市所辖县市

柯城区	2个镇	航埠镇、石梁镇
	8个乡	黄家乡、七里乡、沟溪乡、九华乡、华墅乡、姜家山乡、万田乡、石室乡
	7个街道	信安街道办事处、白云街道办事处、府山街道办事处、荷花街道办事处、双港街道办事处、花园街道办事处、新新街道办事处
衢江区	10个镇	高家镇、杜泽镇、上方镇、峡川镇、莲花镇、全旺镇、大洲镇、后溪镇、廿里镇、湖南镇
	9个乡	黄坛口乡、岭洋乡、灰坪乡、太真乡、双桥乡、周家乡、云溪乡、横路乡、举村乡
	2个街道	樟潭街道办事处、浮石街道办事处
龙游县	6个镇	湖镇、横山镇、塔石镇、小南海镇、溪口镇、詹家镇
	7个乡	模环乡、石佛乡、社阳乡、罗家乡、庙下乡、大街乡、沐尘畲族乡
	2个街道	东华街道办事处、龙洲街道办事处
江山市	13个镇	上余镇、四都镇、贺村镇、清湖镇、坛石镇、大桥镇、淤头镇、新塘边镇、凤林镇、峡口镇、廿八都镇、长台镇、石门镇
	6个乡	碗窑乡、大陈乡、保安乡、塘源口乡、张村乡、双溪口乡
	2个街道	虎山街道办事处、双塔街道办事处
常山县	7个镇	天马镇、辉埠镇、招贤镇、青石镇、芳村镇、白石镇、球川镇
	7个乡	何家乡、宋畈乡、东案乡、大桥头乡、新昌乡、新桥乡、同弓乡
开化县	9个镇	城关镇、华埠镇、马金镇、村头镇、池淮镇、桐村镇、杨林镇、苏庄镇、齐溪镇
	9个乡	林山乡、音坑乡、中村乡、长虹乡、张湾乡、何田乡、塘坞乡、大溪边乡、金村乡

走进衢州，你会惊叹于衢州古城墙的完整。在商业经济高度发达的浙江，偏远的浙西竟然有如此完整恢宏的古代城墙。可见，此处的乡民们对

历史与文化的尊重和传承非同一般。

号称为“东南铁城”的全国六十六军镇之一的衢州府城，因为完备的城墙建设，挡住了历年的战火，在战争年代保存了中国茶业的星星种子。衢州府城，是中国东南重镇的实物依据，具有很高的历史、艺术和科学价值。始建于东汉初平三年（192），初为土墙。唐朝武德四年（621），尉迟敬德奉高宗之命分婺州（今金华）置衢州，在衢江畔建设城池。初时城中有起伏小丘数座，居高临下，适于防守，城外还有大片土地，宜作良田，供城粮草。始建城时，周边居民迁入城圈，协作建城。军民合力日出而作，日落而息，竭力造城。宋朝宣和三年（1121），郡守高至临在六门之上建设城楼，挖城内河，并开凿城壕，引乌溪江之水环之，自此衢州便有了护城河。水环北、东、南三面皆通衢江，因而船只可入航城池，进水门洞，到达城中各处，这些使衢州城防进一步完善。据清朝康熙《西安县志》中记载：“城高一丈六尺五寸，广一丈一尺，周回四千五十步。”元朝至正十五年（1355），监郡伯颜忽都沿城旧址修复年久残败的城墙，共修五百余步，并在北门、东门、大南门和小南门外，以六门之上再建城楼，使六门焕然一新，使府城有了完备的城和池。明清时期又修葺城垣百余次，由此奠定了衢州铁城的基础。

“守两浙而不守衢州，是以浙与敌也；争两浙而不争衢州，是以命与敌也”，衢州所处的地理位置决定了衢州军事重镇的地位。自春秋战国以来的2 400百多年间，这里曾发生过数以百计的战争，“东南有事，此其必争之地”。清朝康熙十二年（1673），“三藩之乱”兴起。次年，闽藩耿精忠兵分两路进攻衢州。以浙江总督李之芳为首的清军在衢州城下挡住了叛军的攻势。双方混战三年，大小数十战，衢州始终未被攻克，维护了统一和完整。

衢州府城，是一座府县二级衙门共存的城池，也是衢州历代的县治和府治的所在地。府治在今府山之上，县治在今十字街头之右。府县皆有治学，县学在县学街黉序巷，古有鹿鸣书院；府学在府山西麓，故地叫府学里，建有清莲书院（又名正谊书院）。现存的府城原有六门：东称“迎和门”（今称东门）；南称“礼贤门”（今称大南门，俗称通远门，又称光远门）；西称“航远门”（今称大西门，俗称水亭门，又称朝京门）；北称“永清门”（今称北门，俗称浮石门，又称拱宸门）；东南称“清辉门”（今称小南门，俗称前湖门，又称魁星门）；西南称“和平门”（今称小西门，俗称埭堰门，又称通广门）。六门之上均建楼，各为两层歇山。明朝天顺年间（1457—1464），在城西北角文昌阁开挖西安门，自此衢州就有了第七个门。1994年，衢州被国务院命名为国家级历史文化名城[①]。2006年5月，衢州城墙被列入第六批全国重点文物保护单位名单。

衢地总图[②]

衢州的地质构造属江南古陆南侧，华夏古陆北缘，即跨越两个一级构造单元，中部为钱塘江凹陷地带。地势特征南北高，中部低，西部高，东部低。北部山区属浙西山地的一部分，南部山区为浙南山地的一部分，中部为浙江省最大的内陆盆地——金衢盆地的西半部，自西向东逐渐展宽。东西宽127.5公里，南北长140.25公里，总面积8 836.52平方公里，其中境内平原占15%，丘陵占36%，山地占49%，山多田少。

① 衢州市地域信息来源于衢州市人民政府官网［EB/OL］. http://www.qz.gov.cn/col/col1601581/index.html.

② （清）林应翔等修，叶秉敬等纂，1983. 浙江省衢州府志［M］. 台湾：成文出版社.

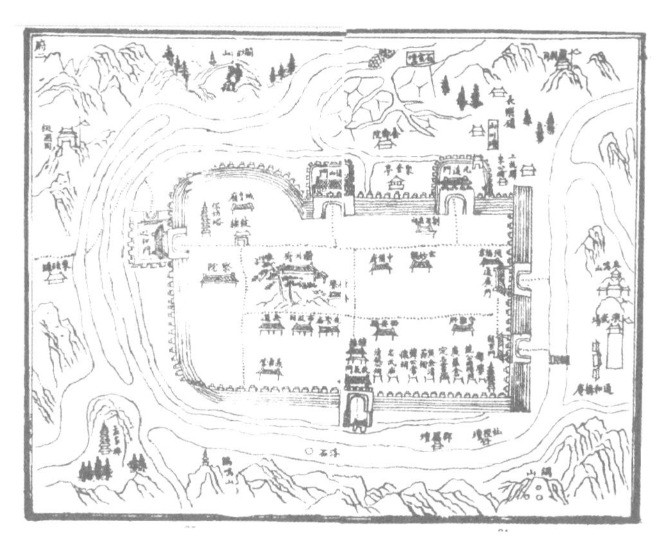

明天启年间衢州郡治图①

境内山脉分南山和北山两系。北山以黄山支脉千里岗为主体，是新安江与衢江的分水岭。海拔千米以上的高峰有74座，主峰白菊花尖位于下村乡与常山县的交界处，海拔1 395米。黄茅尖在灰坪乡与淳安县的接壤处，海拔1 388米。南山则是仙霞岭余脉，海拔千米以上的山峰有54座，主峰水门尖海拔1 452米。地理坐标为东经118°01′—119°20′，北纬28°14′—29°30′。

境内河流以衢江为主干，由南、北山溪注入。衢江古名瀫水，又称信安江，由常山港、江山港两水于双港口汇合而成。下纳乌溪江、罗樟源、铜山源、芝溪等16条支流，形成叶脉状水系。

丘陵、山地，构成了衢州地理生态，给农业作物提供了最佳的生长环境。高山出好茶，自然生态决定茶叶的品质质量。而发达的水系，则为衢州的茶叶运输提供了便捷的出路。

茶，是衢州重要的经济农作物，茶叶生产历史悠久。衢州境内名茶遍布，辖区内各县市均有名茶代表。江山绿牡丹，原产于江山保安乡裴家村的仙霞岭峰峦，古称“仙霞茶”。北宋时期苏东坡品尝后，赞称奇茗极品。明代成为进贡御茶，后几经沧桑而失传。1980年江山县土产公司组织试制，

① （清）林应翔等修，叶秉敬等纂，1983. 浙江省衢州府志［M］. 台湾：成文出版社.

定名“江山绿牡丹”。开水冲泡后，色泽翠绿明亮，恰似朵朵牡丹盛开杯中，清香飘溢，沁人心脾。

龙游方山茶，原产于龙游社阳乡方山寺，明代时便有文字记载。旧时，龙游森林茂盛，土肥雾多，茶叶品质特优。后来由于历史变迁，方山寺和茶园均已不复存在。1986年，龙游县农业局为恢复名茶生产，选择与原方山寺地理位置、自然环境相似的产地，制作“白毛尖”，恢复名茶工艺。

常山银毫，则产于常山何家乡文图、溪东、石门坑等地。该地林木繁茂，常有云雾缭绕，适于茶树生长，所产茶叶叶质肥厚，茸毛显露，味醇香浓。1984年，在浙江省名茶评比中，以“外形细紧，卷曲显毫，香气清幽，滋味鲜醇，叶底嫩绿，汤色明亮”的特点，被评为一类优质名茶。

开化龙顶，乃是明代贡茶，远近闻名。1995年恢复名茶生产，在大龙山顶制成干茶1.3斤[①]，以产地命名为“龙顶”。当年浙江省商业厅组织名茶评比，“龙顶”名列第一。1996年被农业部评为全国名茶，随后相继荣获中国驰名商标、浙江十大名茶称号，在全国具有较高的知名度。

衢江玉露，产自衢江区乌溪江区域。2017年衢江区的茶园面积为3.08万亩[②]，全年产茶1 340吨，总产值12 713万元。

这些各具特色的历史名茶，构成了衢州全市的茶叶地图。在各自的地理方位中，吸取历史光泽并于现代环境中茁壮生长，构筑出了丰富多彩的浙西山区茶业。

第二节　自然衢茶

中国是茶的故乡，茶文化作为中华优秀传统文化，也是衢州文化的一条重要血脉，历史源远流长。经过千百年的积淀，茶文化已经成为衢州人文精神的重要内容[③]。

衢州茶叶生产，起于唐，盛于宋，有1 200多年的种茶史。烂柯山一带

① 斤为非法定计量单位，1斤=500克。——编者注

② 亩为非法定计量单位，1亩=1/15公顷。——编者注

③ 摘自衢州市政协主席俞流传的观点，他提出茶文化是衢州人文精神的重要内容。

从唐宋时期就开始了种茶、制茶和斗茶，并在衢州城内设茶务，实行茶叶专卖。北宋时期，苏东坡在品尝了仙霞茶后，赞不绝口，称之奇茗极精。明代，开化茶叶成为贡茶。江山仙霞岭的“四棵茶树”被封为御茶，比西湖龙井的十八棵御茶早两百多年。清朝光绪年间，衢州茶叶就开始出口。近六百多年来，衢州不仅是贡茶的重要产地，也是茶叶出口的重要基地。

古时衢州茶区有南山、北山之分，南山茶以“柯山点”（茶名）为最佳。衢州烂柯山是著名古迹，亦称石室山、石桥山。烂柯山位于浙江衢州城南十公里外，以“王质遇仙”的传说闻名于世。传说中讲述的是晋代樵夫遇仙下棋的故事，因此烂柯山以围棋而为世人知。不过，烂柯山也是道教之地，被道教誉为“青霞第八洞天”。杜光庭在《洞天福地记》中称之为“七十二福地之一”，谢灵运、孟郊、陆游、朱熹等人都在烂柯山留有题咏。道教修行、炼术与茶结下了不解之缘。

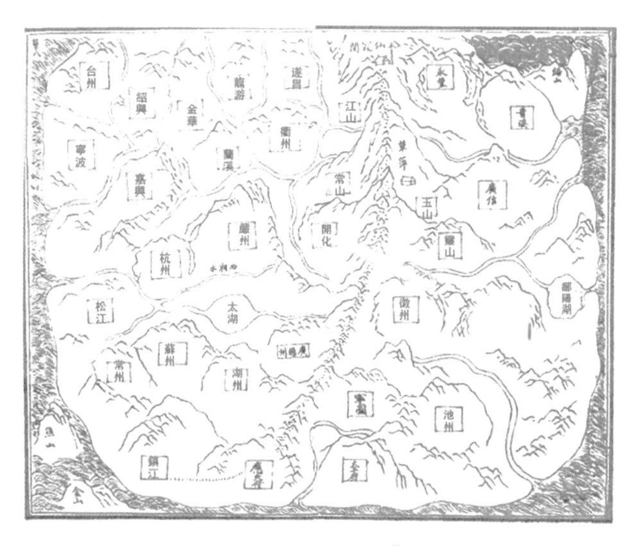

古代衢州疆域图[①]

柯山点，是宋代名茶。点，即点茶，也称斗茶，又叫茗战，是民间品茶艺术的一种竞赛活动。点茶的习俗，起于唐，盛于宋。凡好茶，或进贡，或斗茶。斗茶首先要会点茶，进而可以在茶汤中形成图案，即分茶，是

① （清）林应翔等修，叶秉敬等纂，1983．浙江省衢州府志［M］．台湾：成文出版社．

“斗茶”技艺的高级阶段，由此评判出茶艺水平的高低优劣。宋代诗人曾几在《迪侄屡饷新茶二首》中写道：“敕厨羞煮饼，扫地供炉芬。汤鼎聊从事，茶瓯遂策勋。兴来吾不浅，送似汝良勤。欲作柯山点，当令阿造分。”[①] 诗中提到“煮饼”，就是指当时的茶为饼茶，以点茶法来烹煮品饮。“阿造”则是点茶、分茶高手。曾几，字志甫，赣州（今属江西）人。历官国子正、校书郎。高宗时，历江西、浙西提刑，后知台州，权礼部侍郎。以通奉大夫致仕，卒谥文清，著有《茶山集》三十卷、《经说》二十卷。他还有一首描写三衢山的诗《三衢道中》，曾这样赞叹三衢山，“梅子黄时日日晴，小溪泛尽却山行。绿阴不减来时路，添得黄鹂四五声”。诗中描写了三衢山优美的自然风光，因为短小生动而有趣被选编入中国人教版的小学语文教材，成为中国儿童从小传颂的诗歌。

清朝光绪三十二年（1906）的《烂柯山志》中提到，“柯山点，茶名。在柯山石刻有宋人祝绅、林英、刘伊、钱头、梁浃、郑庭坚等六人斗茶题名”。清代朱彝尊在游览烂柯山后，记载此地为“昔贤斗茶地，昧者莫之察”。

衢州茶，扬名于世的除了柯山点之外，还有龙游方山茶。北宋西安（今衢江区）长史蔡宗颜说，“龙游方山之阳坡，广不过百余步，出早茶，味绝佳，可与北苑双井争衡”。据唐熙二十年（1681）记载，“方山，离县四十五里，山开方正如冠，故名方山”。民国十四年（1925）《龙游县志》中记载，“方山石势耸削，上干青冥，产茶入贡品，在顾渚、日铸之间，方山茶最佳，额贡四斤”。这说明龙游方山茶，在古代已与湖州顾渚紫笋茶、绍兴日铸茶齐名，位居全国名茶行列。

到了明代，衢州产的茶叶开始进入皇室，成为历史贡茶。江山仙霞岭有四棵茶树，因婆娑多姿而被封为御茶。据《江山县志》载，北宋苏东坡在杭州任太守时，品尝了毛滂从江山带去的仙霞茶，赞不绝口。仙霞茶产于江山仙霞岭主峰，海拔1 503米，仙霞关雄伟奇丽，霞峰重叠，山势险峻。相传茶树生长于悬崖峭壁之上，人无法攀摘，当地茶农就训练了一群

---

① 清嘉庆十六年（1811）修订的《西安县志》中，《卷二十一·物产》里就提到了“北山茶”。

猴子，爬峭壁采摘鲜叶，然后加工成干茶，叫“仙茶”，十分珍贵。仙霞岭长十公里，周围百里，深山密林，蹊径回曲，步步皆险，雄关胜景，吸引过许多文人墨客，流连忘返。

明朝武宗皇帝朱厚照，到浙江一带察访民情时路过仙霞岭。当地官吏便进献仙霞茶，碧汤绿叶，清香味甘，皇帝饮后大加赞赏，把仙霞茶命名“绿茗”，每年采焙进贡，并封之为御茶。

除了南部的仙霞御茶外，还有产于衢州西部开化县的茶。据清朝光绪年间《开化县志》记载，“明崇祯四年（1631）进贡芽茶四斤”，并一直持续到清朝光绪二十四年（1898），以篓装黄绢袋袱插旗送京。传说朱元璋跟陈友谅在九江大战失败，撤退到开化苏庄，有一老农献上一锡罐茶叶，朱元璋喝了茶后，连声叫绝，并命名为“大龙茶”，此后每年都要开化进贡大龙茶。在明代天启二年的《衢州府志》中也记载有相关语句，“皇明旧贡额，礼部茶芽二十斤”，还详细提到黄绢袋袱缕扛旗号，路费银二十二两六钱。“西安等五县均办解府，径自具本差吏解赴礼部上纳”，还提到了“茶果茶引”。清朝康熙五十年修撰的《西安县志》中记载到，“荐新芽茶折价银三两二钱”，这说明当时进贡的是芽茶，并且以折价方式进行纳贡①。可见，衢州地区所产茶叶的进贡历史，从明代一直延续到清代，并不逊色于当时杭湖两区的茶叶。

清朝道光至光绪年间，衢州地区是国内眉茶的主要生产区，并作为大宗商品出口，参与国际茶叶市场的竞争。光绪三十二年（1906）衢州商会成立，商业的发展促使牙行产生②。根据1934年的调查，牙行中仅茶笋业就有4家，可见经济贸易非常活跃。

衢州地区的茶叶因为生态环境良好，茶叶品质优越，一直是浙江茶叶经贸的重要组成部分。1941年，吴觉农先生到衢州的万川筹建东南茶叶改良总场，开始了历史上重要的中国茶业复兴计划，衢州遂成为中国茶业改革的实验地。

1941年，正是战火纷飞的抗日战争时期，当代茶圣吴觉农从四川重

---

① （清）姚宝奎等修，范崇楷等纂，1970. 浙江省西安县志［M］. 台湾：成文出版社.

② 牙行，是中国古代和近代市场中为买卖双方介绍交易、评定商品质量、价格的居间行商。

庆带领一大批茶叶科技人员，经过长途跋涉到了万川这个偏僻的浙西乡村。庄晚芳教授从安徽屯溪也带了一批科技人员到万川集合，一起筹建东南茶叶改良总场。改良总场立足浙江，面向江西、安徽、福建、广东等茶区，组织茶叶生产和出口，开展茶叶研究工作。当时吴老对选择总场场址一事十分重视，据陈观沧先生回忆，吴老曾派出庄晚芳、钱梁、庄任、朱刚夫等先生进行调研、考察场址，最后确定在万川这块风水宝地。我国著名的茶学专家陈椽教授和台湾大学吴振铎教授，他们当时都到过万川。吴觉农先生到达万川后，立即成立总场办事机构，分赴各省茶区开展两项茶事工作：一是开展茶树更新运动，保护茶叶基地建设；二是针对战时国家实行茶叶统购经销的政策，组织东南茶区中茶公司办事处向国家银行申请茶叶贷款，收购毛茶加工及出口。在当时烽火抗战的艰苦时期，还创办了《万川通讯》茶叶专业杂志，沟通全国茶叶信息推广茶叶的生产和加工技术①。

1941年9月，好消息传到万川，吴觉农先生又一次从重庆到万川，他宣布东南茶叶改良总场获准改组为中国茶叶研究所（属财政部贸易委员会）。吴觉农当时是贸委会茶叶处处长，复旦大学茶叶系主任，又是中国第一个茶叶研究所第一任所长。1942年春天，由于日军大肆入侵，金华、衢州相继沦陷，危急之前，茶研所人员和设备迁至福建崇安，中茶所正式成立。庄晚芳教授曾怀念衢州万川东南茶叶改良总场的年代，写了一首《回忆万川》的诗，“奉献热情革命心，培养勇士育茶人，万川帮建改良处，茶科所前史最珍。”②

1932年，衢属5县茶园已有1.423万亩，年产茶量已达505吨。经历了战争破坏和出口影响后，待到1949年新中国成立时，茶园总面积还有1.29万亩，年产茶290吨。1951年后，当地政府为扩大茶叶生产推出诸多复兴政策，茶园面积逐年扩大。到1958年时，茶园面积已经达到了5.6万亩，年产茶951吨。1959年，茶叶产量虽增加到1 199吨，但由于采摘过度，茶树生

---

① 吴觉农与万川的信息，摘录自顾东珍撰写的《衢州历史和茶文化》，由实地调研中获得。

② 王家斌，2009. 浙江衢州“万川之行”——寻找吴觉农、庄晚芳先生在抗日战争期间的往事［J］. 中国茶叶加工（2）：45-46.

机受损。1963年由于粮食紧缺，毁茶种粮，彼时茶园面积锐减到了2.89万亩。1965年前，衢州茶叶产地主要分布在各县山区，山地茶园占茶园面积的90%以上。1968年开始向丘陵地带开发新茶园，丘陵茶园比重逐步上升到茶园总面积的25%。茶园面积逐步扩大后，产量也稳步提高。1974年，衢县（含龙游、柯城）和开化县被列为全国100个茶叶生产基地县之一。到1982年时，茶园总面积已经达到29.1万亩。2021年，全市茶园采摘面积19.8万亩，茶叶生产总产量9 962吨，茶叶生产总产值18.75亿元，其中名优茶产量5 527吨，产值17.38亿元，一二三全产业从业人数12.21万人，全产业总产值30.82亿元，茶叶从业人员人均年收入超过2.52万元，在山区农民收入中起到重要作用。这其中，开化县以10万多亩的总面积，成为衢州地区的茶叶生产核心区。江山市发展了5万多亩茶园，不仅诞生了如江山绿牡丹这样的历史名茶，同时也生产香茶和红茶等大众茶。龙游县则发展了3万多亩茶园，同时积极发展黄茶等创新品种，并开发茶叶的深加工产品，打造全茶产业链。衢江区则以1万多亩的衢州玉露为基础，以公共品牌为抓手打造规模产业效应。常山县虽然茶园面积只有9 000多亩，但是常山特殊的交通地理位置使它在中国茶叶的发展历史上也留下了重要的足迹。

说到衢州的茶，茶树品种主要是农家群体种。1965年后，各县先后从杭州茶叶试验场、平阳塘桥和临海特产场引进鸠坑、政和、毛蟹等茶树品种，从福建省福鼎、霞浦引进有性系福鼎白毫良种苗木。1980年后，各县又引进菊花春、迎霜、翠峰、龙井长叶、龙井43、水仙、劲峰、紫笋、浙农12、福云等20多个品种，建立起4 567亩良种茶园。目前的当家品种为鸠坑和福鼎，占到了全市茶树品种的90%。旧时种茶多为丛栽，间种粮、豆，以种兼培。从20世纪70年代开始，衢州推广双行、三行条栽密植的速成茶园，定型修剪。高山茶园的茶树则种植较稀散，亦有与其他林木混栽。

中国有六大茶类，绿茶、红茶、白茶、青茶（亦称乌龙茶）、黑茶和黄茶。而衢州的茶，则以产制绿茶为主。当地做茶，素有“春茶香，夏茶涩，秋茶好吃采不得”之说。春茶在每年的谷雨前后开采，立夏后3～5天结束。清朝道光至光绪年间，开化县是眉茶主要产区，属淳遂茶区。开化县和龙游溪口的山区茶叶均以香高味浓著称。1987年以来，为扩大茶类品种，开始生产红茶、乌龙茶，丰富茶叶产品。如今，衢州的茶类结构也日趋多元化，以绿茶为核心，辅以红茶、白茶、黄茶等，亦有少量花茶。

在岁月的长河里，经过数代人的努力，延续历史的辉煌。江山的裴家地、开化的大龙山、龙游的溪口镇，这些曾经的核心产地，在当代的茶叶生产中，秉持文化传统，谋求产业创新。他们创造的经典名茶，开化龙顶、江山绿牡丹、罗洋曲毫、常山银毫、龙游方山茶、衢州玉露，也在历史文化的承继责任和新时代风味感官突变的市场裂变中互动着生存。而民国时期延续的眉茶外销产业，也依然活跃在以开化宝纳为核心的茶叶出口企业中，延续民族神话。在历史延续的进程中，一些变化也正在产业内部蕴生，书写新的产业篇章。以龙游县为主的新型黄茶产业在谋篇布局，以天喆茶叶籽油和茗皇天然为核心的茶多酚深加工，正拉长衢州茶业的整体产业链。而茶业的发展，也促使衢州的另一重要产业迅速发展，那就是茶叶机械。从上洋机械到红五环，一个颇具规模的茶叶机械生产产业正快速崛起，产品远销全国乃至世界。衢州，也因此成为世界茶叶机械的中心。

第三节　儒风茶礼

写衢州的茶，不能离开衢州这块土地上的儒风基因。正如空气和山水一般，千百年孕育的雅士儒风，将衢州的茶浸润入文化之中，锻炼出独特的衢州茶礼。“南孔圣地，衢州有礼”是衢州目前正在打造的城市品牌。“南孔”指的是建在衢州府城内的孔庙，是中国仅有的两处孔氏家庙之一。

衢州孔庙，建于南宋时代。衍圣公原指望赵家皇帝在抗金战争中获胜北返中原，可以重归故土山东。可是南宋王朝苟且偷安，且把杭州作汴州。衍圣公无奈只好求助于朝廷及地方官府资助，沿袭曲阜孔庙型制在衢州建造了这座孔氏家庙。而孔端友的弟弟孔端操仍然留在曲阜，这便是孔氏南北两宗的开始。1255年，宋理宗敕建衢州孔氏家庙，孔子后裔扎根此处繁衍生息，衢州逐渐成为孔氏的第二大聚居地，被称作“孔氏南宗”，支脉遍布江南。

孔子，作为中国历史上伟大的思想家和教育家，创立儒家思想，尊崇周礼，思想远播海内外。像一颗种子一般，一座偏远山区的城市，因为有了先圣的到来，思想的传播，于是有了不同的城市气质。从此，衢州成为儒学的南方根据地。随后遍地全境的书院文化，突显了儒家对教育的注重，形成了浙西地区特有的儒风气息。因教而礼，融茶于礼，形成独有的衢州茶礼，涵化为衢州茶文化中特有的儒风精神。

中华茶文化体系的主体，由茶礼、茶俗、茶艺、茶事艺文等构成，是茶文化精神内核“和、敬、清、美、真”的重要载体。茶礼是事茶行茶的伦常礼规，是茶文化与礼文化结合的产物，是人们表达敬意、情意的方式之一①。

《说文解字》中并无“茶”字，到了唐代“茶”才作为俗字行世。其正字作“荼”，陆羽在《茶经》中的描述为，“茶之为饮，发乎神农氏，闻于鲁周公”。意指茶成为饮品是从神农氏开始，鲁周公时期才闻名。《千年茶文化》在讲述饮茶起源时解释道，“又有说‘神农尝百草，一日遇七十二毒，得荼以解之’”，可见茶最初是用于药品②。汉朝时，茶成为宫廷和贵族使用的高级饮品，汉朝的诗歌里也出现更多的对于茶的表述。到南北朝时期，制茶技术更加成熟，贵族吃茶成为风尚，爱茶之人渐多，茶开始被用于祭祀礼仪之中。

以茶为祭，应该是最早的茶礼形态。祭礼用茶以告慰神灵，敬祖供佛，相关记录初见于中国南朝萧子显（487—537）《南齐书》卷三记载齐武帝遗诏称，“祭敬之典，本在因心，东邻杀牛，不如西家禴祭。我灵上慎勿以牲为祭，唯设饼、茶饮、干饭、酒脯而已。天下贵贱，咸同此制”。其后，“以茶为祭”为历代王朝所沿袭。“以茶为祭”“以茶待客”“以茶为赠”是东亚地区自古以来用茶为礼的主要形态，亦可谓东亚茶文化的一个共性特点③。

茶叶自秦汉由药用、食用再至饮用，人们在喝茶品茗的同时，还赋予了茶的精神价值，将饮茶提到了“礼”的高度。唐末刘贞亮在《茶十德》中提出饮茶有十德，其中“以茶利礼仁，以茶表敬意”，就高度赞颂茶中所

① 周智修，薛晨，阮浩耕，2021. 中华茶文化的精神内核探析——以茶礼、茶俗、茶艺、茶事艺文为例［J］. 茶叶科学（2）：272-284.

② 张婷，邱国桥，黄琰冰，2017. 从古汉字看中国的茶文化——《说文解字》中“茶”文字解读［J］. 美食研究（4）：28-31.

③ 张建立，2018. 东亚语境中茶礼的形成与演变［J］. 日本问题研究（1）：61-68.

包含的“礼”和“仁”的儒家之道。饮茶能使人谦逊，提高人的品质素养，从而达到和谐的人际关系。元代德辉所著《百丈清规》，十分详细地规定了点茶的礼节。而明代著作《家常礼节》则是另一部深刻阐述茶礼的作品，对民间茶礼影响很大①。

中国乃礼仪之邦，茶礼形式可分为寺院茶礼、宫廷茶礼和民间茶礼，并逐渐融入中国的传统礼仪文化，在冠婚、祭祀、宴会时都有着不同的茶礼讲究。如冠婚茶礼，人们常把婚姻中的礼仪统称“三茶六酒”。古代人们认为茶树移植后便不能生长，种下茶树一定要下籽。因此，在古代婚俗中，茶便成为坚贞不移和婚后多子的象征，婚娶聘物必定有茶。下茶，是指旧时婚姻要以茶为礼。下茶还有“男茶女酒”的区别，订婚时，男方要送有茶香的茶瓶，女方要回送酒，故此后来把男方向女方下聘礼叫“下茶”。结婚时女子要做“三定茶”，即“定师”“定孝”“定姻”。“定师”又可以称为“别母茶”，意在感谢父母养育之恩；“定孝”即“媳妇茶”，指给公公婆婆敬茶，意在尽孝道；“定姻”是定茶的最后一步，拜天地后，男女双方相互敬茶②。

“礼”是中华传统文化的核心。作为“礼”的最重要的提倡者和践行者，儒家的最高理想就是修身、齐家、治国、平天下，而“修身、齐家”所要借助的工具就是礼。宋代茶文化非常发达，同时也是礼教社会秩序规范成熟的时期。两者相结合，使茶融入了礼教社会，形成独特的茶礼。朱熹所著《朱子家礼》共五卷，每一卷都涉及茶礼。礼教社会的茶礼，传递的是礼教社会的文化规范和价值观念，有着重要的社会功能。它促进个体的社会化，作为社会交往的媒介，使互动更加融洽，形成“客来敬茶”的传统。并传入东亚儒教文化圈中的朝鲜半岛和日本，对现在的韩国茶礼和日本茶道都有着重要的影响③。

衢州虽地处浙西山区，但却是孔氏南宗所在地。1128年，宋都汴京（今河南开封）陷入金兵之手。兵荒马乱之际，宋高宗赵构仓促南渡，扔下一

---

① 莫晓运，2018. 礼制与茶艺茶道［J］. 文化创新比较研究（35）：44-45.

② 张婷，邱国桥，黄琰冰，2017. 从古汉字看中国的茶文化——《说文解字》中“茶”文字解读［J］. 美食研究（4）：28-31.

③ 周媛，2021. 宋代礼教社会中的茶礼及其社会功能研究——以《朱子家礼》为例［J］. 农业考古（2）：138-143.

城流离失所的难民。孔子第四十七代裔孙、衍圣公孔端友背负着国家和家族文脉传承的重任，带着孔子和亓官夫人的一对楷木像，率领族人辞别山东曲阜，开始长途南迁。最终，来到了衢州。这一住就是九百年，家族在此繁衍生息。在建立孔庙的同时，也将儒家文化带进了衢州。当儒家之风与茶礼有效地结合起来之时，浙西特有的传统茶事民风就形成了。

浙西素有“客来待茶”“以茶待客”“以茶代酒”的礼节。每逢立春时，衢州旧称“接春日”。旧时习俗会将一株新鲜芽茶置于盛满细沙的大碗内，插一面上书“迎春接福”四字小红旗。后面必备一杯清茶，意为清清爽爽，万象回春。而婚礼中，也会用到茶礼，女子受聘亦叫“受茶”“接茶”“吃茶”等。明代陈耀文在《天中记·种茶》中记载，“凡种茶树必下子，移植则不复生，帮俗聘妇必以茶为礼，义固有所取也”。据余绍宋编撰的《龙游县志》载，旧时龙游婚嫁，“父母有意联姻者，先由男宅请人持茶点四包，诣女宅取命造。命造既合，两宅各约媒妁定期纳采，先约定致聘若干金、茶食若干包，于是男宅以聘金之半并茶食及所备首饰致女宅，女宅以女夙所制绣业答之，各具礼柬往还。其茶食中必间茶叶，故谓之压茶”。

另外，浙西山村至今还有“认亲茶”“定亲茶”“彩礼茶”“谢恩茶”“出门茶”“交杯茶”“和合茶”等各种与茶有关的礼节。在迎神赛会时，龙游旧时农历正月十三至二十一，城中各社均于城隍庙演剧祀神，村童们则以骑马和唱采茶歌为乐。

在开化桐村镇严村一带，还有一种民间舞蹈和茶有关——《采茶舞》。《采茶舞》是在1925年的庙会中，由江西南昌采茶剧团的刘信王传授给开化当地村民黄洪发的。此舞蹈原本只有摆扇、采茶、献篮三段。1928年，江西上饶的戏班到严村演出，黄洪发又学会了花伞舞，就把花伞舞加入《采茶舞》中[①]。

除此之外，旧时衢州民间祭神、祭丧时，均有许多和茶有关的习俗。民间有一种说法，人死后必经孟婆亭喝迷魂汤，故入殓时亡者手中必备一包拌以泥土的茶叶。清明扫墓，也必须有一包茶叶与其他祭祀品摆放在一起，有的还要另外奉上三杯茶。而庙里的看管，每天早晚都要伺以茶汤于

---

① 巫少飞，2015. 衢州茶文化的风雅颂. 钱江源茶语衢州市茶文化研究会编（2）：27-35.

佛祖像前。

茶产业的发达，也使得衢州地区的茶文化深入民间，茶俗丰富。不仅茶馆林立，而且出现了诸如“茶娘”这样的职业名词。在《衢州商业行话钩沉》一文中还提到，油行业中称菜油为“酱瓜”，称茶油为“女儿”。而在《衢州酱园业记略》一文中提到，抗日战争前（衢县）各酱园制有一种“徽州茶豆”，销路倒也不错。其制法即将黄豆加茴香、桂皮、酱油，放入锅中煮熟，然后经太阳晒干即成。各居民和店家都喜买“徽州茶豆”，作早晚佐稀饭食用。

古时浙西地区的茶礼兴盛，也推进了其他文化事象的发展，比如茶具、茶民俗。这些与茶有关的衍生文化事物，与茶礼茶俗共同构成了衢州人们的茶生活，是社会生活的重要体现。

衢州的陶瓷业在唐代时就极盛，衢州产瓷与金华产瓷合称婺州瓷。唐代陆羽在《茶经》中提及“碗，越州上，鼎州次，婺州次”，这婺州碗就包含衢州所产。婺州窑在今浙江金华及衢州一带多有分布，已出土唐代婺州窑瓷碗多为敞口、浅腹、小平底，釉色青或青灰。

衢州地区的江山王村乡、跶河乡、凤林乡、政棠乡等处，均发现过唐代早期的古窑址，其出产的产品有青瓷、褐瓷、乳浊釉瓷等种类。其中，乳浊釉瓷为中国陶瓷史上的一大创造，比后世称为宋代五大名窑之一的北方钧窑的同类产品时间还要早300多年[①]。

而同一时期的龙游方坦三座龙窑结构的窑址中，也出土了不少珍贵的遗物，如以月白色乳浊釉为主的大型器物盘口塑龙罂、樵斗流壶。而在常山的北宋时期李家岗龙窑中，还发现有蓝中泛紫的乳浊釉。

贡昌先生在1988年出版的《婺州古瓷》一书中记载道：“从青瓷发展为乳浊釉瓷，是瓷器工艺史上的一个突破。过去我们一直认为我国乳浊釉最早由北方的钧窑创烧于北宋，因此，方坦窑址出土唐代乳浊釉瓷是我国陶瓷史上的一项重大发现。它不仅为进一步研究中国陶瓷史提供了重要的实物资料，更重要的是证实了我国乳浊釉瓷早在唐代起就由方坦窑烧

① 乳浊釉瓷为表面施一种不透明的釉，这种不透明釉是在普通透明釉中添加乳浊剂而形成。因釉层中含有大量的微细气泡，所以形成乳浊现象。

造成功了。”①

宋元时期的瓷窑遗址目前已发现90多处，位于江山的前坞青瓷窑是当时唯一的青白瓷窑。而衢县的全旺乡冬瓜潭、尚伦岗村、官塘村等，也发现多处宋代彩绘陶瓷窑址。其产品中就有执壶、罐、粉盒、乌盏、海棠型杯、茶托、八卦炉等。这些器物均与饮茶有关。所以我们可以推断，衢州地区在宋代乃至宋以前，就已有相当发达的茶具史。

丰富的茶文化历史，在衢州不仅留存在民间传说、地方文史、乡民记忆之中，还留下了考古实物。在江山市博物馆里，我们发现了在衢州出土的珍贵的《茶会碑》拓片。1982年，江山文物工作人员进行文物普查时，来到茅坂乡株树村时，从村民家的猪栏里发现了这块全省唯一的《茶会碑》。

《茶会碑》高1米，宽0.5米，刻于乾隆二十四年（1759），全文可辨字320个，记录了这样一则故事：江山茅坂乡原有一万福庵，原系商旅往来要道。其住持僧月朗为了方便过路人喝茶解渴，便将万福庵附近的田产租给邻村人耕种，所得众资，置一凉亭，设一茶馆，给往来行人免费休憩、饮用茶水。《茶会碑》原无底座，后经多方查找后找到。如今，中国茶叶博物馆收藏了其拓片，而原件保留在江山博物馆。

茶会碑

① 贡昌，1988. 婺州古瓷［M］. 北京：紫禁城出版社.

2017年，开化县池淮镇又出土了一块《明处士茶园》碑，为衢州茶史的考古提供了有力的遗迹材料。该石碑目前由5块不同程度受损的青石碑体拼合而成，虽不完整，却能清晰看到其面上所刻着的“明处士茶园”五个大字和碑体右侧用繁体中文赫然标明的“万历三十七年十一月”等字样碑体。茶园碑的出土，让浙西开化地区的茶叶可考记载往前推进至1609年。

一部衢州茶史，厚重而丰富。在上千年的历史长河中，无数人因茶际会来到这里，与此发生故事与交集。记录他们，书写故事，亦是本书的宗旨。

第二篇

茶 路 篇

作为最早开始利用和栽培茶树的国家，在伴随着饮茶文化诞生的同时，中国的茶叶经济也同步产生。西汉《僮约》中记载有“牵犬贩鹅，武阳买茶”的字句，可以推测在当时的四川武阳地区，已经形成一定规模的茶叶市场，茶叶交易行为已经发生。

茶路，是指将茶从山区运往各个交易市场，将茶从茶山输送到茶杯的交通路线。在中国茶叶经济发展的历史上，最著名的茶路当属茶马古道。茶马古道是中国历史上西南地区与边疆地区进行茶马贸易所形成的古代交通路线，分川藏、滇藏两路。它以马帮为主要交通工具，构建起中国西南民族经济文化交流的走廊。这不禁让我们产生一种假设，除却西南地区的茶马古道外，在江浙地区是否也存在这样的茶路，将山区的茶输送至全国各地，乃至世界各国呢？与西南地区茶马古道不同的是，东部山区的交通工具不是马，而是由独轮车、船和人工脚力共同构成的，借助发达的水路体系而形成的民间商贸路线，我们称之为“茶水古道”。

第一节　水道古渡

茶马古道源于古代西南边疆的茶马互市，兴于唐宋，盛于明清，第二次世界大战中后期最为兴盛。广义上它以云南、四川、西藏为中心，覆盖了周边的湖南、贵州、广西、甘肃、陕西、宁夏等省区，还进一步向外延伸到了缅甸、印度、老挝、泰国等东南亚、南亚国家和地区①。茶马古道这一概念的提出始于云南边疆，作为植根于本土历史文化资源的话语，也是学者们在田野作业和实地调查中逐渐浓缩出来的文化术语。茶马古道的名称，一经问世就得到学界的广泛认同。除了学术界，很多地方政府也把这一名称作为促进当地经济社会发展的重要品牌来建设②。茶，是茶马古道得以发展的核心因子。据史料记载，中国茶叶最早向海外传播，可追溯到南北朝时期。民国《茶叶产销》一书中记载，"五世纪后期，土耳其人至蒙古边境，以物易茶，首肇其端"，即中国商人在与蒙古毗邻的边境，通过以茶易物的方式，向突厥等中亚地区输送茶叶。王敷在《茶酒论》中也描述了唐代茶叶贸易"浮梁歙州，万国来求"的繁荣场景。吐蕃、印度等国家和地区，也都有与唐代进行茶叶贸易的记载③。

茶在世界各地的传播与流行，促使了茶路的发展，连接了深山茶区与外界销区的经济来往，同时也构建了特有的线路文化遗产。国际古迹遗址理事会（ICOMOS）提出的《文化线路宪章》认为"不同区域、不同文化群体长时间的持续交流"而形成的线路遗产，不仅应该考虑道路本身，更应该注重线路产生的文化影响。在保护时"应该超越地域的界限，综合考虑遗产的价值"，并"在更广阔的背景中用新的视角来看待遗产，以更准确地描述和保护文化遗产与自然、文化和历史环境间直接而重要的关系"④。

所以，茶路，虽从本质上而言是以茶叶贸易运输为核心的交通网络，但却是在空间角度上连贯起线路上的每个城市与乡镇，每个经济的个体与人文之路。与世界屋脊上的茶路不同，衢州地区的茶路更应该称之为是茶水古道，是一条山路与水路交错的综合路线。

---

① 凌文锋，罗招武，木霁弘，2018. 茶马古道研究综述［J］. 云南社会科学（3）：97-106.

② 木仕华，2019. "茶马古道"文化概念的当下意义［N］. 中国社会科学报，2019-07-05.

③ 董蔚，2020. 茶叶传播与茶马古道［J］. 农村农业农民（4）：61-63.

④ 邹怡情，张依玫，2018. 作为文化线路的茶马古道遗产保护研究［J］. 北京规划建设（7）：131-140.

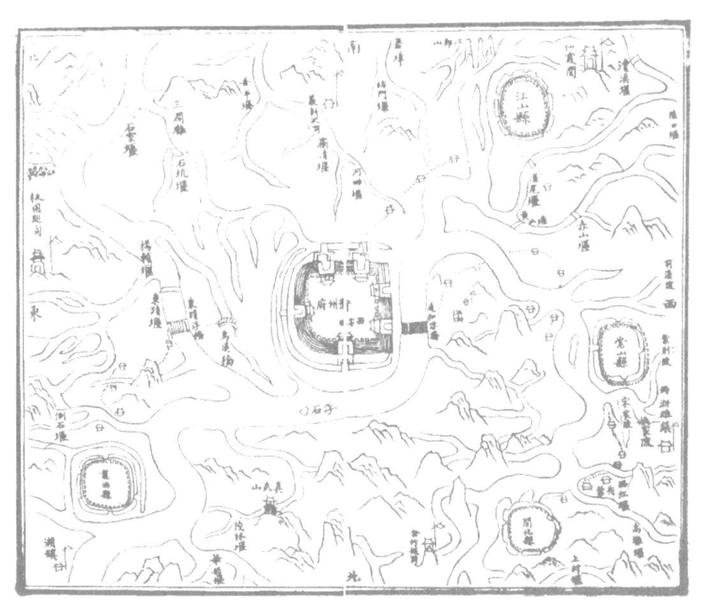

衢州水利图[①]

水路的形成，得益于衢州发达的水系。整个衢州境内，皆是密布的山脉。衢县境内的山脉分为南山、北山两系。南山为仙霞岭余脉，北山以黄山支脉千里岗为主体，是连接衢州、淳安和寿昌等县的重要山体。根据《忠状徐氏宗谱》的记载，我们可以得知这里自古就四面环山。而横亘在山脉之间的如血管分支般的线路，便是错综交汇的水系，贯穿了整个衢州。

衢州市市级河道名录

序号	河道名	所属流域	起点	讫点	河道长度（千米）	流经县（市、区）
1	马金溪	钱塘江流域	马金镇后山大桥下游112米（何田溪与马金溪汇合口）	华埠镇东岸大桥上游312米（池淮溪与马金溪汇合口）	41.280 3	开化县
2	常山港	钱塘江流域	华埠镇东岸大桥上游312米（池淮溪与马金溪汇合口）	衢州双港口（常山港与江山港汇合口）	69.444 4	开化县、常山县、柯城区

① （清）林应翔等修，叶秉敬等纂，1983. 浙江省衢州府志［M］. 台湾：成文出版社.

（续）

序号	河道名	所属流域	起点	讫点	河道长度（千米）	流经县（市、区）
3	江山港	钱塘江流域	峡口水库大坝以下	衢州双港口（常山港与江山港汇合口）	82.767 1	江山市、衢江区、柯城区
4	乌溪江	钱塘江流域	黄坛口水库大坝以下	衢江樟潭街道樟树潭（衢江汇合口）	18.340 1	柯城区、衢江区
5	灵山港	钱塘江流域	沐尘水库大坝以下	龙洲街道驿前村（衢江汇合口）	42.18	龙游县

资料来源：根据2018年8月30日衢州市水利局发布《关于公布市级河道名录的通知》中的信息整理成表。

衢州境内河流多为雨源型山溪性河流，源近流短，过境水量少。径流受季风控制，季节变化大，水位受降水影响，暴涨暴落。境内河流主要属钱塘江水系，流域面积8 332.9平方公里，占全境土地面积的94.2%。与江西、福建交界处，有部分小溪流入长江鄱阳湖水系的乐安江和信江，流域面积513.8平方公里。

山区河流的河床较狭窄，上游多“V”形峡谷，多瀑布。河流汇入盆地底部后，河床展开，渐趋平缓，多浅滩。境内主要河流为衢江，古代称瀫水或信安溪，属钱塘江上游之南源。衢江自双港口起，流向东北，绕衢州城西至城北，北岸地藏寺附近有大头源之水汇入，在航头街附近有庙源之水汇入，流向东南。南岸则有乌溪江水汇入，流向东。在樟潭至缪家之间，江分南北两河道，北河道有邵源和铜山源两条溪水汇入。南河道有上山溪水汇入，安仁铺以下3公里处，有下山溪水汇入。南北两河道合流后改流向北，经安仁、篁墩，北岸有芝溪水汇入，折向东流入龙游县境。经马叶、团石、詹家，改向东北流。在虎头山有塔石溪水汇入，在驿前有灵山港水穿龙游县城汇入衢江。从此，江又分南北两河道，北河道有模环溪水在风基坤村附近汇入，约3公里后与南河道合流向东。

除了主干衢江外，还有各类支流呈网状遍布衢州全境，形成复杂的水利网。常山港是衢江上游主流，发源于皖南休宁县龙田乡青芝埭尖，海拔1 144米。从开化县齐溪入境后，流经开化、常山、衢江区。在开化境内称马金溪，又称金溪。自华埠镇以下称常山港，古代称定阳溪，又称金川。

江山港，则为衢江南源，发源于仙霞岭北麓之苏州岭与龙门岗，流向北。乌溪江，古称东溪，又称周公源，发源于福建省浦城县境内的大福罗峰及龙泉市青井等地。上游有遂昌县之住溪、周公源、洋溪源、金竹溪，均汇流入湖南镇水库。衢州境内，乌溪江西岸有航埠溪，东岸有举埠溪，也都注入湖南镇水库。灵山港，古称灵溪，发源于遂昌县白马山北麓三井。

除衢江及衢江支流外，衢州境内还有鄱阳湖水系支流。网状的水系，促进了衢州境内的交通和货物贸易的发展，也使得沿途的埠头和渡口林立。

在《衢州古渡》一文中曾提到衢州古渡历史悠久，可追溯到唐朝贞元年间，境内就有1万多处，是水上交通运输的重要设施。境内较早的古渡要属衢县盈川渡。盈川渡坐落在衢县高家乡盈川村衢江北边盈川埠头，迄今已有1 200多年历史。从嘉庆《西安县志》中记载的图录我们可以看到，当时水域河面是非常开阔的，人们使用帆船进行货物运输。盈川渡，位于县东四十里，“月夜篮舟如游赤壁”。水面开阔，船游其上，如游赤壁。盈川附近设有“普济盈渡会”，是盈川埠至龙游的重要渡口，现尚继续使用[1]。而峡川地处芝溪源和李泽源的交点，是当时的货物集散地。货物到达盈川渡，再转运到杭州或宁波地区，运往上海或出口欧美。相传这里还有数百年历史的十一月初七集市——“峡川会”，非常热闹。

嘉庆年间《西安县志》中的盈川故城图

① 邵子千：《衢州古渡》，选自中国人民政治协商会议、浙江省衢县委员会文史资料研究委员会出版编写的《衢县文史资料》（第四辑），1987年，第156页。

在《浙西第一镇——华埠》一文中也记述了相关文字，“20世纪50年代以前，水路是运输要道，航运业相当发达。华埠镇上，专营茶叶收购、加工、外销业务的茶号有：万康源、刘新宝、恒大、桂芬、生记等五家。这些茶号每年运往上海等地的茶叶，约四五千箱。在桐村还有一家戴天顺茶号，专制红茶，每年外运一千二百多担。这些来往物资，除一部分就地交易外，大部分转运外地。因此，专替客商寄存货物，办理中转运输业务的过塘行就有四家，有以运输工人为主要对象的茶馆12家”[①]。从上述记载中，我们可以得知当时衢州地区的茶叶经贸主要是依托水利运输，而交易方式主要为外销，茶叶贸易非常蓬勃。

清朝以来，衢州所产茶叶依靠衢州商会的力量，得到了快速发展。根据文献资料记载，清朝光绪三十二年（1906）衢州商会就已成立。商业的发展，也促使了牙行的产生。根据1933年调查，牙行中粮食业有36家，山货等其他行业有21家。1934年增加至49家，其中茶笋业4家。除牙行业、堆栈业外，1939年已组织同业工会筹备会的行业，还包括茶馆业[②]。

以开化为例，“茶叶是开化传统出口产品之一，在明清时，被宫廷列为贡品，出口始于1877年，当时有专营精制茶号一家。茶叶主要品种有珍眉、凤眉、峨眉、针眉、蕊眉、熙春等。1932年统计年产量为四千一百四十七担，其中绿茶二千一百八十二担，红茶一千九百六十五担。1940年为最盛时期，茶产量为六千担”[③]。从这段文字中，我们可知当时的衢州地区茶叶经济已高度发达。这些茶叶通过水路，从浙西山区向外输送到上海、宁波等地，直至漂洋过海运到国外。

除盈川渡外，衢州境内还有一座曾经引来无数文人墨客品茗赋诗的古渡，那就是常山的招贤古渡。招贤古渡，位于常山县东的招贤镇，衢州中部地带。

招贤渡由东、中、西三段码头组成，为古代常山县景之一。《常山县

---

① 戴德海、张德超：《浙西第一镇——华埠》，选自中国人民政治协商会议、浙江省衢县委员会文史资料研究委员会出版编写的《衢县文史资料》（第四辑），1987年，第157页。

② 衢州市民建、工商联编印：《衢州商会史（1906—1949年）》，1897年。

③ 刘益刚、洪根达整理：《开化龙顶茶、香菇、板栗》，选自中国人民政治协商会议、浙江省衢县委员会文史资料研究委员会出版编写的《衢县文史资料》（第四辑），1987年，第223页。

志》中记载："招贤渡，位于招贤街，系南宋古渡。原为官渡，设渡船两只，渡夫两名。"明清时招贤渡就是官渡，是通往衢州府治驿道上的重要津渡。

常山江，古称"金川"，在宋代时便是连接南方八省的必经水道。水陆转运，舟车汇集，沿岸风景秀丽。宋室南渡以后，更成为两浙连接南方诸省的重要枢纽，繁华一时。

招贤渡口旁有临江茶楼，引来无数途经此地的文人墨客赋诗歌诵。历史上游历过常山并在诗中描写过常山的诗人有上百位，尤以宋代为甚，曾几、陆游、杨万里、范成大、辛弃疾、朱熹等均是当年繁华景象的见证者和记录者。

八百多年前，杨万里带着家眷老小回江西，在招贤夜宿，写下了著名的《过招贤渡》："归船旧掠招贤渡，恶滩横将船阁住。风吹日炙衣满沙，妪牵儿啼投店家。一生憎杀招贤柳，一生爱杀招贤酒。柳曾为我碍归舟，酒曾为我消诗愁。"杨万里带着一家老小奔波回江西，结果水流湍急，船只搁浅，只能夜宿招贤。风吹日晒的衣襟上满是风沙，妇人牵着哭泣的孩子投靠店家。最恨那妨碍归舟的杨柳，也最爱能为我消愁的招贤酒。杨万里曾六经古渡，写过与常山相关的诗歌达四十余首，其中收入《诚斋集》流传于世的就有二十五首。很多常山古地名可以在他的诗中找到，尤以写招贤渡的诗最多。

除了杨万里，辛弃疾也曾在前往绍兴赴任的途中，经过从信州到衢州的常山道。当时，正是临近中午，便赋诗一首《浣溪沙·常山道中即事》："北陇田高踏水频，西溪禾早已尝新。隔墙沽酒煮纤鳞。忽有微凉何处雨，更无留影霎时云。卖瓜声过竹边村。"南宋诗人陆游晚年亦曾驻足此地，并赋诗一首。当时朝廷召陆游回京述职，行至半路，令其留在衢州待命。在途经招贤渡时，他心生感慨，写下了一首《晚过招贤渡》："老马骨巉然，虺隤不受鞭。行人争晚渡，归鸟破秋烟。湖海凄凉地，风霜摇落天。吾生半行路，搔首送流年。"半生沧桑，一世漂泊。在行人匆匆的渡口，看归鸟湖海，融情于景，不免触景伤情。

陆游也是爱茶之人，被称为"茶神"。他出生于茶乡越州山阴（今浙江绍兴），当过江南西路常平茶盐公事，晚年归隐家乡。“我是江南桑苎家，汲泉闲品故园茶”，一生以茶入诗三百多首。从贡茶、花茶、果茶的丰富茶品，到煮茶、斗茶、分茶的茶事叙述，不仅为文学界之首，更是为后人留下了一幅南宋时期的珍贵茶卷。在他感慨半行吾生，抒发出“死去原知万事空，但悲不见九州同”的爱国豪情时，茶作为中国文人“精行俭德”的精神寄托，也成为了他的生命底色。

第二节　清湖码头与仙霞古道

衢州的水路体系中，不仅有衢县的盈川渡，常山县的招贤渡，还有一个重要的码头，那就是江山市里的清湖码头。这些古渡与码头，犹如水路体系中的链接点，成为重要的交通枢纽。1620年农历五月二十三日，时年35岁的徐霞客经过江山的清湖[①]。10年之后，即1630年农历七月三十日，徐霞客又经过江山，抵达清湖。

清湖码头，位于清湖镇，现在归属为江山的清湖街道，在江山市区西南郊。这是一个有着3 600年悠久历史的文明古镇，据民国二十年（1931）的《中国古今地名大辞典》记载：“清湖，浙闽要会，闽行者舍舟而陆，浙行者舍陆而舟。”当地俗语称，“一个廿八都古镇，一个清湖码头，中间一根扁担，挑起了一条仙霞古道。”清湖码头是连接钱塘江南源的水陆转运枢纽，在仙霞古道所连接的浙闽山区经济体中占有重要的地位。仙霞古道在明朝成为浙闽要途，清湖码头也在此时形成规模。在明朝直至民国早期的四五百年间，清湖的工商业经济迅速发展，成为举足轻重的商业集镇。

历史上的清湖，繁盛程度超过县城，共有各类码头17个，店铺是“六场三缸、八坊九行、十匠百店”。清溪锁钥古码头是其中最大的一个码头，水深、波平、流缓，是船舶停泊之天然良埠。建有一个明清时期的门亭，形似古城门洞，高3.96米，宽2.53米，亭设二层，下亭两侧有石条，可供人休息，上亭楼有一个圆窗，可观整个清溪，门台题词“清溪锁钥”。1937年，这里还修建有一条铁路，后来慢慢没落了。我们在清湖码头拜访了

① 清湖镇现为浙江省历史文化名镇。

85岁的邵善祥老师，他一直致力于收集有关村里的一切历史信息，写下数万字的文字记录。记录清湖的历史，是他的责任，他担心如果没有人去主动记录这些历史，社会快速变化恐无人能记得它曾经的辉煌。

清湖作为浙闽要途的地位，在明朝前期已经确立。《江山县志》中记载到，明万历二十二年（1594），"闽以南，大江以西，估客行商转毂入越，系此地上下。闽荐绅大夫宦游他郡国，及四方之宦闽者，或不道信州，间道梨关，水税舟，而陆税车，清湖亦一要会也"。这段话说明，明朝晚期，清湖码头已经从"要途"发展为"要会"。

清湖码头与仙霞古道有着紧密联系，两者作为连接福建和浙江的重要路径，促进了两地的商业贸易。而这条仙霞古道，便是一条重要的山中茶路。

茶叶从以浮梁为集散中心的鄱阳湖流域出发，再至赣、皖，经过祁门、休宁、徽州、屯溪等著名茶叶产区，继而东进，越仙霞岭入开化、淳安、遂安地区后，辐射至越州、温州、台州以及福建等地。在这一茶叶的商业传播过程中，必须提到仙霞岭。

据明代《衢州府志》记载："衢州之山自闽中而来，为仙霞岭。"仙霞岭"山势高奔，如云中之龙"，"既左通于建业（南京），更右转于会稽。两浙近属其委流，三吴仰呈其乳哺"。江山、常山、开化依次在左，玉山、灵山、宁国鱼贯在右。"明，太祖高皇帝奠鼎金陵，其脉始于闽粤，而入浙则启于仙霞。仙霞度脉草萍。衢州实为拱护而直送至于金陵，衢者护帝脉者也。"

以上文字说明，衢州的山脉是从福建蜿蜒而来，最远结于金陵之钟山。仙霞岭地势险要，东扼闽粤、西守赣皖。而掩映在仙霞岭中有两条古道，一条为徽开古道，一条为仙霞古道。这两条古道，将皖浙闽三省联系在一起，使得浙西茶叶由西可入皖赣，进而至浮梁鄱阳湖一带。由东可入闽粤，进而出海至海外。

明朝和清朝时期所奉守的海禁政策，虽然严重打击了浙江的海上贸易，但对福建诸港的影响相对较弱，福建民间对外贸易始终较为活跃。江浙地区生产的丝绸、陶瓷、茶叶，常由内陆运输到广州和福建海港，再行出海。

福建的土产，以及经福建转运的香料、象牙、犀角等舶来品也都由内陆交通运送到浙江。仙霞古道沿线集镇的兴起，正是以此为背景。

仙霞古道始于衢州的江山市，途经保安乡、廿八都镇，越枫岭关至福建境内浦城县。和徽开古道不同的是，仙霞古道是一条兵道。据清朝《衢州府志》记载，唐末黄巢起义军由浙入闽，取道仙霞关。至中唐以后，国力逐渐衰弱。西南吐蕃崛起，时常袭扰商队，阻断了河西走廊，丝绸之路渐趋衰落。陆上丝绸之路的衰落，促成了连接欧亚大陆的海上丝绸之路逐渐兴盛。当时泉州、福州是海上丝绸之路的大港，而仙霞古道又是福建通往浙江最便利的一条道路，于是，此道便成了海上丝绸之路的陆路延伸线，并随着东西贸易的日益繁盛，终成闽浙间最重要的一条商道和官道。

2018年的8月，我们来到江山，走访仙霞古道。仙霞古道，是仙霞岭山脉上的一条道路。仙霞岭山脉，位于浙江省西部，东起衢州、金华、丽水三市交界处，西延浙江、江西、福建三省交界处。长约100千米，主峰大龙岗海拔1 503米。会稽山、四明山和天台山均属浙中仙霞岭山脉的分支。岭上开辟有著名的仙霞古道，有仙霞关、枫岭关等关隘。仙霞关，古时和雁门关、函谷关、剑门关合称“四大古关”。

仙霞古道原是黄巢起义时经过的道路，同时也是一条商业贸易之路。唐末农民起义军首领黄巢率十万大军挥戈浙西，转战浙东，后又取道仙霞岭，劈山开道700里，直趋建州（现福建建瓯）。开山辟路后，旧时“岭水之山峭峻，车道不通”的仙霞山形势大变，成了“操七闽之关键，巩两浙之樊篱”。清初时，仙霞岭一度是南明隆武朝与清廷的分界地。南明隆武朝覆灭后，郑成功距守厦门、金门二岛，镇守福建的是明朝旧将、三番之一的耿继茂。郑氏固然是清廷的心腹大患，耿家也不能让清廷放心。为了对付这两家势力，清廷进行了一系列重要的军事部署，包括浙闽总督于顺治五年移驻衢州，并于顺治十一年在浙闽交界地设浙闽枫岭营等。直至康熙二十二年，清廷平定台湾。自此，仙霞古道和清湖也进入了一个长期平稳的发展期。

在仙霞古道上，曾建有九大雄关。目前，保存完好的有仙霞关、枫岭关、安民关、二渡关等6关，梨岭关等3关尚存石筑残垣。其中，仙霞关始建于北宋时，被称为“东南锁钥”和“入闽咽喉”，历来是兵家必争之地。而枫岭关则是浙江五大名关之一，是浙西第一重要门户。

仙霞古道也是一条茶路。仙霞古道在历史上曾经担任重要的交通功能，往来的人们通过清湖码头进行商品流通，出海至新加坡等东南亚、南亚国家。我猜测可能有茶商经过这里的时候，不小心掉落种子，落根在石块的缝隙间。又或者是砌古道的泥土是在古茶园附近挖掘的，其中附上了茶树种子，长成茶苗。第二个猜测是在古道上有专门供商人歇息的茶亭，南来北往的客商经过这里时都要喝上一碗茶，由此，江山的好茶就出了名气。历史上来说，水陆交通发达的话，仙霞地带就一定有茶。所以说江山条件好，除了交通条件，还有自然环境优势，经由火成岩、花岗岩风化的微酸性土壤有利于茶树生长。按此逻辑推理，江山古时候应该是有茶树的，在整个衢州来说应该是最早的，而且知名度也高。

原江山市农业局局长江勇，为了寻找仙霞古道上的古代御茶园遗址，曾多次登赴仙霞古道。

以前听人说仙霞岭上曾经有专供皇宫的绿茶园，所以我们就去找了。但是，发现那其实是20世纪50年代种下的茶树，只是当时荒废掉了，并不是历史上的古茶园。当我从岭上走下来的时候，发现路缝中有小茶树。那不可能是人工种植的，也不会是茶树籽偶然掉落在那，茶树长的位置非常偏僻，所以我判断有可能是当时砌古路的时候茶树种掉在土里了。所以，如果能考证路是哪个年代建造的，那么茶园的年代就可以推测出来了[①]。

宋乾道八年（1172），史浩曾经募夫以石铺之，重筑古道。路面以青石铺路，把面基加宽。实地调查中，我们用脚步实地丈量，发现仙霞古道上的面基有十步之宽。如此宽的山中古道，可见不仅可以供路人行走，还可以通行车辆兵马。无怪乎，这里成为历代兵家必争之地了。

江山的地形河流成串珠状，河道两边是小丘陵，形成冲积平原的地形地貌。当年茶叶改良所设在衢州，一个重要的原因就是这里的水路发达。清朝的时候其他地方的茶叶出口骤减，衢州却基本不受影响。清湖码头的河道很宽，能通行大船，但是再到上游就狭窄了，所以清湖就成了码头，

① 采访时间：2018年8月30日，采访人：沈学政，采访地点：江山市。

是船运货物登陆的地方。这条水路既是商贸之路，也是军事之路和文化之路。

结束访问后，我们重走了这条仙霞古道。如今，古道已经成为一个著名的旅游景区，古道上的游客不多，有一些从安徽来的游客。曾经来来往往的商贸交易，如今已被高速公路取代。从浙江到福建，人们开车仅两小时路程便可到达，无须翻山越岭。而当年战事频繁，烽火不断的古道，也变得幽静休闲。这条古道上还留下诸多的红色记忆，明朝有叶宗留领导的农民起义，闽、浙种靛和烧窑农民的起义，清朝有以杨管应为首的饥民起义，光绪年间有刘家福领导的九牧起义，太平天国名将石达开、侍王李世贤的部队也曾在此活动过。中国革命战争时期，仙霞岭上又留下过红军、游击队的足迹。1935—1937年，工农红军挺进师在粟裕、刘英的领导下，建立了根据地，组织山区农民开展斗争。

我们一行人在仙霞关驻足，天高气爽，万里无云，历史成为这美丽景色背后的记忆，让这一片江山的底蕴更为厚实。

仙霞古道上的石碑

第三篇

龙 游 篇

龙游县地处浙江金衢盆地中部，是传统农业大县。茶产业是当地政府着力培育壮大的特色优势产业，历史悠久，最早可追溯至唐朝。方山茶是龙游县传统的历史文化名茶，明清时即为贡茶。然而，到了清代后期，方山茶逐渐衰亡。随之而起的是创新的龙游茶，成为现代茶业的主旋律。

第一节　龙游方山茶

秦王政二十五年（前222），秦灭楚，于姑篾之地设太末县，隶会稽郡，为龙游建县之始。唐贞观八年（634），更名龙丘县。五代吴越宝正六年（931），吴越王钱镠以“丘”与“墓”近义不吉，又据县邑丘陵起伏如游龙状，遂改龙丘为龙游。

龙游县的地形南、北高，中部低，呈马鞍形，境内山脉、丘陵、平原、河流兼具。地处亚热带季风气候区，具有明显的盆地特征。根据《衢州市志》中记载，1989年龙游县粮食产量为22万吨，其中茶叶有28 766亩，产茶1 098吨。茶产业一直是龙游县当地政府着力培育壮大的特色优势产业，其历史最早可追溯至唐朝。自古以来，优越的生态环境和精湛的加工技艺，为龙游县铸就了众多茶叶品牌，尤以龙游方山茶最负盛名。

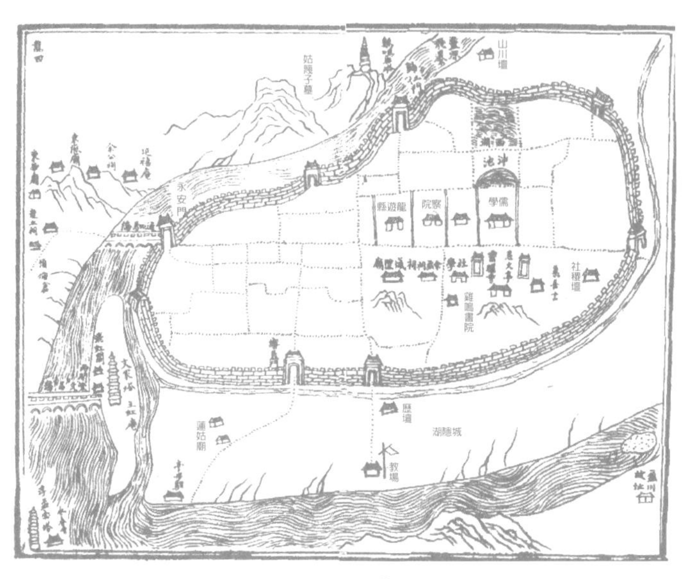

龙游县治图[1]

关于龙游县茶叶的历史研究，童启庆在《唐宋时期浙江茶文化的发展》中曾提及，唐代的茶产区已遍及全省十州五十五县，其中就包含衢州龙邱（今龙游）[2]。北宋西安（今衢江区）长史蔡宗颜撰《茶谱遗事》云：“龙游方山之阳坡，广不过百余步，出早茶，味绝佳，可与北苑双井争衡。”这说明，早在北宋时龙游方山茶便颇负盛名。《龙游县志·卷六食货考——田赋》中提及元代时期龙游关于茶税的记载，“盐法茶法油醋课商税额外课”。元代时，龙游便有专门关于茶叶的税收政策记录在册。到了明清时期，龙游方山茶就已成为朝廷贡品，跻身全国名茶行列，与顾渚茶、日铸茶，甚至龙井茶齐名。到了近代，学者们从历史和产业的角度，进行了更深入的研究。詹锡根曾在《龙游方山茶的加工工艺及技术要点》一文中，对龙游方山茶做了深入的介绍[3]。顾冬珍则在《衢州茶和茶文化》一文中介绍了与龙游茶有关的诗文及茶俗[4]。徐汝松、詹锡根的《龙游名优茶生产现状与发

① （清）林应翔等修，叶秉敬等纂，1983. 浙江省衢州府志［M］. 台湾：成文出版社.

② 童启庆，1997. 唐宋时期浙江茶文化的发展［J］. 农业考古（4）：26-32.

③ 詹锡根，2008. 龙游方山茶的加工工艺及技术要点［J］. 中国茶叶加工（3）：33.

④ 顾冬珍，程慧林，2018. 生态优先全面提升衢州市茶产业发展水平［J］. 中国茶叶（4）：49-52.

展对策》一文，则从产业发展的角度较为系统地分析了龙游名优茶的现状和发展趋势[1]。古代历史的活用与现代茶业发展的需求相结合，成为当下龙游县茶产业的重要命题。

在龙游茶的篇章里，我们不得不提一位重要的历史人物——汤显祖。他与龙游的缘分，因江而生，因茶而发。

万历二十五年（1597），汤显祖于遂昌任知县，需要乘舟穿过龙游灵山江方可到达遂昌。时年在路过龙南山区的途中，他写下了《丁酉三月平昌率尔口号》诗一首："花明长荡女，杯开冷水春。一倍登临处，青山如故人。"冷水春，是当时方山茶中的一个品牌。诗人写下此诗以赞美茶香扑鼻，沁人肺腑，把青山做故人，倍感亲切。在遂昌任职期间（1593—1598），汤显祖曾多次往返经过龙游。龙游是其出入遂昌的必经之地，曾不少于十次经过，从而留下了不少诗篇。《龙游县志》中收录了他的诗《凤凰山》："系舟犹在凤凰山，千里西江此日还。今夜魂消在何处？玉岑东下一重湾。"凤凰山在石岩背村，山上有竹林禅寺，山下流经衢江和灵山江。从遂昌出来，坐船直到龙游，一路山水慢行，阅览风光，到达溪口，写下"青山如故人"的诗句。品香茗，看江景，"千山一酒楼，伐木下长流。一笑游龙县，为龙向此游"。从山上砍下的木材，通过水路进行运输，连成一排，好似水中长龙，和龙游的名字甚是吻合。

溪口还有汤显祖的故人——乡绅劳希召，万历二十六年（1598）春天，劳希召在溪口设宴款待汤显祖。席间，汤显祖写下《题溪口店寄劳生希召龙游二首》。其一："谷雨将春去，茶烟满眼来。如花立溪口，半是采茶回。"谷雨时节的龙游，正是采茶制茶的时间。放眼望去，满是茶烟。这里的茶烟，我们可以将之理解为茶园中升腾的云雾，也可以理解为烧茶煮水时产生的水汽。站立在溪口，来来往往的行人中，多是刚刚采茶回来的姑娘们。

此次经过龙游，正是汤显祖不满朝廷所为，赴京向吏部提出辞呈后返回的时刻。虽然人生处境并不乐观，政治理想无法实现，但"云何冷水店，尚有热心人"，还有一杯香茗和青山故人聊以宽慰。龙游是他的故人朋友所

---

① 徐汝松，詹锡根，2009. 龙游名优茶生产现状与发展对策［J］. 中国茶叶（10）：38-39.

在之地，也是他创作灵感的源泉地，这为他日后创作《牡丹亭》积累下较多的素材。万历二十六年（1598），汤显祖终究弃官回家，乘船顺水而下，最后一次经过龙游。他在《罢令归过太末》中写道："清献坊西一棹移，溪山樵语暮烟迟。始知白昼高眠客，不是青城散乐时。"

汤显祖爱品茶，会品茶，他在《牡丹亭》中也描写了民间采茶的情节。在《劝农》篇中，他写到"采桑采茶，胜如采花"，"乘谷雨，采新茶，一旗半枪金缕芽"，"官里醉流霞，风前笑插花，采茶人俊煞"。《牡丹亭》中有二十多处提到茶，因为喜欢茶，他还自称玉茗堂主人，他的著作也取名为《玉茗堂集》。茶，龙游的方山茶，给了他无限的文学遐想，让他潜心于戏剧及诗词创作，终成一代戏剧大师。

在万历壬子年（1612）所编撰的《龙游县志》卷四中，有这样一句记载："茶，方山最佳，额贡四觔。"觔，是一个重量单位，是"斤"的异体字。这句话是指龙游的茶以方山所产的品质为最佳，每年的贡额有四觔。可见，在明代时，方山茶就已美名远扬，被选为贡茶了。

方山，又名凤山，因山形方正而得名。位于社阳乡红光村方山下自然村东南，向北延伸，海拔近500米。《大明一统志》卷四十三之《衢州府》条目下有"方山，在龙游县东四十里，山形方正如冠，产茶味绝胜"的记载。

当地有一个关于方山茶的传说。相传很久以前，方山下的村庄里有个尹姓童养媳，是张家埠人。她每天起早摸黑辛勤劳动，数年如一日，但仍未换得婆婆的欢心，反而变本加厉地虐待她。此时，住在山洞里的七仙女为她勤劳朴实的品格和苦难的生活所感动，便在暗中帮助她。有一天，婆婆交给她一件古怪的活儿，要她把家中一大一小两只酒坛，拿到溪边洗干净。并说，要把大的装进小的酒坛里面。她不敢违抗，在溪边含着眼泪试着，试着。奇怪，竟被她装了进去。站在一旁的婆婆看呆了，又心生一计，让她把坛子翻过来重洗，媳妇试着试着，竟又如愿。婆婆目睹此情，虽然万分震惊，但戏谑之心仍不收敛。回家后，又交给她一支点燃的纸捻，要她用来烧三天的饭菜。但灶内不得留下火种，也不准到别人家去讨火种。谁都清楚，就此一支短短的纸捻，怎能维持三天？这不明摆着又是责难吗？她恳求婆婆收回成命，婆婆不依。次日，火种熄灭，她站在门口，泪如泉涌，不断抬头凝望凤山。望着望着，忽见山上升起一团火，她高兴得飞奔上去。只见那火焰慢慢地向洞里移动，她追着，追着，直到洞中深处，火渐渐地熄灭了。取不到火种，她也不敢下山去见婆婆，只得独自待在山洞里，伤心地哭泣着。好心的人们来此寻她，喊着她的名字。起初还能听到她的答应声，数月之后，只听得山上传来阵阵的鸡鸣声，就连数十里外的银坑坞附近也能听到。人们便说她成仙变成了金鸡，为人们报晓，认为红光村的金鸡洞就是金鸡出没的地方。

凤山顶茶丛中有株茶树，茶蓬大有数圈，茶叶特别清香。相传这就是她每年采茶的所在，人们便称这株茶树为凤山仙茶。数年后整个凤山平顶及四周长满了茶树，且株株茶叶采来都格外清香。年复一年，越采越多，凤山仙茶终于成为远近闻名，流传千古的方山茶[①]。

这个传说故事里包含着诸多元素，传统的婆媳紧张关系、暗中神力相助、古人对于火种的追求等。传说故事与方山茶的结合颇为牵强，但不可否认的是，将一款地方名茶赋予传说，并将其神话化，足以表现出当地民众对于茶这一自然事物的高期望和高崇拜。

那么，方山茶，到底有名到何种程度呢？

明代时，浙江有21品传统名茶，龙游方山茶为其中之一，与西湖龙井茶等名茶一起入贡，成为当时著名的品目。《衢州市志》中记载，“明代已有‘杭州龙泓（龙井）……龙游方山茶’的记载”。在明代，有两品贡茶，方山和龙泓，龙泓在清代改名龙井[②]。《龙游县志》卷六记载康熙六年“荐新芽茶折价等银五两一钱六分”，卷二十五记载康熙六年“芽茶本色银二两九钱三分二厘五毫三丝七忽五微”，“芽茶加征时价银六两七钱一分五毫”，“茶叶折色银二两六钱九分一厘”等。

这说明，龙游地区所产茶叶的进贡历史，从明代一直延续到了清代。历史时间的跨度，并不逊色于当时的杭州与湖州两个地区的贡茶史。民国

① 石颜，2016. 方山［EB/OL］. http://lynews.zjol.com.cn/lynews/system/2016/01/28/020146869.shtml.

② 衢州市志编纂委员会，1994. 衢州市志［M］. 杭州：浙江人民出版社.

14年（1925）《龙游县志》又载，“方山石势耸削，上干青冥，产茶入贡品，在顾渚、日铸之间，方山茶最佳，额贡四斤”。由此可见，方山茶的名声，是与西湖龙井、顾渚紫笋等历史名茶齐名的。

《龙游县志》卷三十九中有记录诗人叶棨的一首诗《方山》：“方山古刹白云隈，紫茁蒙芽发石苔。忽遇道人天外至，幽香移入小壶来。”这方山古刹就位于龙游社阳乡方山寺，海拔450米，山顶有平坦地200亩。旧时四周森林茂盛，土肥雾多，茶叶品质特优。这首诗里提到的“紫茁萌芽”，是指新发的茶芽带紫色。茶叶呈紫色的并不多，所以紫芽被认为是非常珍贵稀罕的茶，比如顾渚紫笋。而石苔是指石头上的苔藓，方山茶从石头上的苔藓处发出，可见生长环境非常优异。茶叶的清香为幽香，用小壶冲泡，与天外道人共同品茗，也可以看出诗人寄寓了这款茶诸多的出世般的精神意味。只可惜由于历史变迁，方山寺和茶园均已仅剩破壁残垣，不复存在。

遗憾的是，方山茶作为龙游县唯一的历史文化名茶，明清贡品，到了清代后期却逐渐衰亡，直至销声匿迹。

第二节　复苏的龙游茶

龙游县不仅产茶，儒风甲于一郡，更有纵横四海无远弗届的龙游商帮。龙游商帮，亦助力了茶叶的外出营销。龙游商帮是指以龙游县为中心的衢商集团，它萌发于南宋，兴盛于明代中叶，明万历时已有“遍地龙游”之说，是中国十大商帮之一，至清代逐渐为宁绍商帮所替代。龙游商帮是明清时期全国十大商帮中唯一一个以县域命名的商帮，历史上和徽商、晋商齐名。明清时期，许多商人将经营商业所赚得的资金用来购买土地或者经营典当、借贷业，以求有稳定的收入。而龙游商人则敏锐地意识到，要获得更多的利润，必须转向手工业和工矿产业上。他们果断地投入纸业、矿业，或者直接参与商品生产，使商业资本转化为产业资本。经营范围甚广，包含纸业、书业、粮食业、山货业、药材业、丝绸棉布业、珠宝业等。山货业，皆为当地产品竹木茶油漆烟。

在出产方山茶的溪口镇，有一个下徐村，这是由下徐、步坑源、步坑口三个自然村合并而成的村落。历史上，步坑源村和步坑口村，是一个土纸生产专业村。清朝光绪初年，有徽州府歙县叶姓人，当时旅居衢州府城经商，得知步坑源资源丰富，有开发之利。遂于三春时节亲往该源察看，果然名不虚传。于次年在该源创办纸槽，利用山中毛竹，经营土纸生产。在其带领之下，经营纸业的人越来越多。一个小小的村落，纸槽林立。当时自源口的朱家槽开始，依次往内即有傅家槽、高里坑槽、下半坑槽、上半坑槽、白洋坞槽、坑子铺槽、独树桥槽、麻洋殿槽、石排岗槽等。各槽互相竞争，形成产业规模效应，纸业蒸蒸日上，一时龙游屏纸闻名遐迩。

为了便于水路运输，紧临灵山江畔的步坑口村还设有堆栈。各槽主用人工肩挑土纸来堆栈寄存，以便船筏运输外地销售，当时步坑口设有堆栈三处，专供步坑源各纸号使用，它们分别是傅呈祥栈、蓝敏寿栈、蓝清泰栈。由于水路方便，昔时的商人不仅经营纸业，同时也将龙游山区的农副产品，如米、竹、木、茶、油、纸等运出山区，贩销到全国各地，促进商品物资的交流。把原来自给型的农业经济逐步向商品经济推进，推动了社会发展。这其中，也少不了方山茶。

龙游商帮主要经营珠宝、造纸和印书业。因为经营造纸和印书业的缘故，使他们与读书人有广泛的接触。当时浙江全省有11家著名的刻书坊，而衢州就有7家，加上龙游有1家。且受到衢州地区南孔文化的影响，当地的商人们也是亦儒亦商，注重诚信。其中，最有代表性的是童佩（1524—1578），是位儒商。家中藏书达25 000卷，靠勤奋自学成才，深得大学问家归有光的器重。他因藏书之多，成为集收藏、鉴赏、考证、印刻、销售于一身的明代儒商。而另一位儒商李汝衡，他经营的丝绸遍及楚省（湖北）十五郡的市场。常用运绸的舟车就达百余辆（艘），运载着四方之珍异贩销各地，为有名的巨贾。

中国传统社会素有重本抑末、重农轻商的风尚，但到了商品经济发达的明代，商人群体形成了一股特殊力量。他们不仅促进了商品的交易流通，而且还推动了阶层的改变，社会结构的演变。而龙游商帮亦商亦儒的特性形成，也与常年在茶乡中浸润有一定的关系。

民国时期，中国遭到列强侵略，沦为半殖民地半封建国家。在日本绿茶、锡兰红茶的激烈竞争和美国等列强的限制与打击下，茶叶经济遭到沉重打击，很快衰落下去。逐渐消亡的龙游茶叶也是无力回天，直至1950年前龙游县茶园一度荒废，因而民国及近代时期有关龙游茶叶的文献近乎空白。

1949年，龙游的茶叶种植面积73公顷，产量15吨。1950年后开始恢复生产并大面积种植，1965年起向丘陵地带发展茶园。茶园分布在26个乡，247个自然村，产区相对集中，产量大幅增加。1988年，茶园面积1 973公顷，产量1 138吨。2005年，茶园面积减至1 273公顷，因改进栽培技术，产量增加到2 783吨。

1949—1995年龙游县各农作物播种面积

单位：万亩

年份	茶叶	花生	芝麻	棉花	桑蚕	糖蔗	烟叶	莲子	柑橘	早中稻	晚稻
1949	0.11			0.22	0.02	0.08	0.02	0.04		34.600 0	
1950	0.05			0.26	0.03	0.10	0.15			37.889 2	
1951	0.03	0.42	0.48	0.12	0.03	0.18	0.12			42.100 8	
1952	0.03	0.72	0.72	0.14	0.05	0.27	0.05			30.224 5	9.462 0
1953	0.21	0.76	0.36	0.20	0.06	0.16	0.13			33.418 8	9.762 0
1954	0.21	0.60	0.40	0.21	0.07	0.17	0.25			33.660 8	9.961 0
1955	0.24	0.41	0.40	0.03	0.07	0.07	0.07			34.376 8	12.261 0
1956	0.27	1.12	0.29	0.01	0.14	0.09	0.07			31.883 5	15.621 2
1957	0.35	1.25	0.43	0.01	0.62	0.04	0.05	0.13		30.952 3	15.919 4
1958	1.36	0.31	0.36		1.93	0.07				29.645 8	16.457 3
1959	1.23	0.38	0.15	2.45	0.35	0.10	0.02		0.06	38.513 7	14.867 3
1960	0.69	0.28	0.08	0.87	0.51	0.04			0.03	20.110 7	17.462 4
1961	0.45	0.31	0.12	0.33	0.54	0.04	0.06		0.01	20.248 8	17.533 7
1962	0.68	0.27	0.29	0.30	0.29	0.10	0.06			24.199 0	19.549 3
1963	0.52	0.37	0.38	0.32	0.30	0.09		0.07	0.01	25.684 9	23.716 3
1964	0.73	0.46	0.58	0.72	0.30	0.18	0.08	0.14	0.01	28.381 8	27.438 6
1965	0.83	0.31	0.45	0.48	0.61	0.09	0.02	0.26	0.03	28.394 5	28.729 4
1966	0.83	0.27	0.41	0.57	0.72	0.06	0.03	0.20	0.03	27.795 1	27.803 0

（续）

年份	茶叶	花生	芝麻	棉花	桑蚕	糖蔗	烟叶	莲子	柑橘	早中稻	晚稻
1967	0.88	0.24	0.36	0.48	0.72	0.11	0.03	0.06	0.03	28.744 0	26.717 3
1968	0.91	0.25	0.41	0.55	0.81	0.13	0.03	0.07	0.03	29.172 1	36.900 5
1969	1.17	0.30	0.39	0.41	0.85	0.13	0.04		0.04	30.296 8	31.268 9
1970	1.46	0.23	0.25	0.38	0.91	0.10	0.02		0.04	30.343 4	29.578 8
1971	2.03	0.19	0.23	0.29	1.10	0.14	0.02	0.04	0.05	32.420 9	28.894 0
1972	2.60	0.20	0.27	0.29	1.02	0.16	0.03	0.04	0.05	32.535 6	28.859 4
1973	2.47	0.20	0.20	0.31	0.93	0.16	0.02	0.02	0.18	33.547 7	30.428 2
1974	2.39	0.22	0.25	0.35	0.94	0.16	0.04	0.02	0.21	32.995 0	30.491 2
1975	2.80	0.34	0.19	0.39	1.05	0.19	0.06	0.02	0.25	31.843 1	30.576 2
1976	3.08	0.32	0.17	0.35	1.19	0.14	0.08	0.02	0.37	32.091 7	30.299 1
1977	3.29	0.30	0.19	0.32	0.97	0.17	0.05	0.01	0.37	32.358 6	30.053 7
1978	3.39	0.27	0.11	0.30	0.89	0.27	0.07	0.02	0.41	32.141 7	29.126 3
1979	3.49	0.32	0.28	0.38	0.83	0.28	0.05		0.45	20.695 8	30.483 1
1980	3.26	0.39	0.35	1.85	0.80	0.15	0.033 2		0.53	29.876 9	29.994 8
1981	3.43	0.33	0.26	1.52	0.75	0.11	0.03		0.62	29.755 3	30.996 5
1982	3.29	0.29	0.40	1.49	0.76	0.10	0.01		0.80	30.086 5	31.533 8
1983	3.32	0.27	0.20	1.48	0.74	0.05			1.03	28.321 1	30.263 4
1984	3.50	0.28	0.21	1.45	0.88	0.02	0.01		1.64	27.938 9	30.154 7
1985	3.60	0.34	0.31	1.34	1.33	0.03	0.01	0.26	2.28	25.890 0	29.495 6
1986	3.10	0.30	0.26	1.25	1.03	0.02			2.86	24.598 6	24.598 6
1987	2.98	0.22	0.18	1.29	0.86	0.02			3.61	24.292 7	24.292 7
1988	2.96	0.21	0.11	1.24	0.83	0.02			3.97	24.437 0	24.437 0
1989	2.87	0.20	0.17	0.73	0.74	0.02			4.44	25.203 2	25.203 2
1990	2.84	0.18	0.17	1.15	0.84	0.015			4.97	25.832 2	25.832 2
1991	2.60	0.10	0.08	1.29	0.93	0.011	0.09		6.05	26.174 4	26.174 4
1992	2.39	0.12	0.095	1.587	0.89	0.009	0.06		7.04	24.997 0	24.997 0
1993	2.19	0.15	0.146	1.253	0.79	0.015	0.02		8.52	22.877 8	22.877 8
1994	2.34	0.24	0.195	1.545	0.76	0.012			8.74	22.830 0	22.830 0
1995	2.35	0.24	0.180	1.695	0.65	0.009			9.32	23.760 0	23.760 0

资料来源：《龙游县农业志》第十四章经济特产篇。

我们可以发现，新中国成立之初，龙游县茶叶种植面积曾经一度为零，1958年龙游县茶叶种植面积激增，但两年后又迅猛回落，直至1969年才再次突破1万亩。同时，茶叶种植面积虽远远小于水稻等主要经济作物，但依旧远超花生、芝麻、糖蔗等其他农作物。这也说明，茶叶是龙游县重要的农业收入来源之一。

1960年前后，是龙游茶业开始迅猛发展的时期。1957年，浙江省龙游县供销合作社曾下发一份茶叶采购价格通知，划分了茶叶等级及价格：烘青一级特等为每斤115元（一级一等为108元，一级二等为101元），炒青一级特等为每斤134元（一级一等为128元，一级二等为122元）。同年6月22日，龙游县农业局就春茶生产工作，包括茶叶生产情况、施肥情况、机械研制使用情况，以及去年冬季于庙下乡尝试种植茶叶的成活率进行了总结，并划分产茶区和非产茶区。产茶区有：溪口、社阳、塔石、寺后、占家、马叶等乡镇；非产茶区有：城关、湖镇、模环等乡镇。

1965年，衢县人民委员会下发了《关于调整一九六五年茶叶收购价格通知》。通知中提到，龙游县茶叶收购价格，自1963年起在收购牌价基础上增加了价外补贴。实行以来，生产者有较好的收益。经全国物价委员会同意，决定自1965年春茶收购开始，取消价外补贴，同时提高茶叶收购牌价。

1970年，龙游县为了贯彻执行毛主席“备战、备荒、为人民”和“以粮为纲，全面发展”的农业方针，进一步发展茶叶生产，实现省“革委会”提出的迅速实现亩产百斤茶、二百斤茶的要求。“自力更生”“艰苦奋斗”，有计划地加速茶叶生产机械化。由浙江农业大学茶叶采教改小分队牵头，举办了两期茶叶生产技术专题学习班。学员对象为具有一定实践经验和文化程度的贫下中农，及茶叶专业队长或茶厂负责人。通过学习，建立了一支为贫下中农服务的茶叶技术骨干队伍，各区、片供销社农技站设分管茶叶工作的干部一名。学习班连续举办两期：第一期是茶树栽培学习班，以培训茶叶专业队长为主；第二期是制茶机械化学习班，以培训茶厂负责人和机修、泥工为主。

1974年，又召开全县茶叶生产基地座谈会。在“大跃进”的时代背景下，全国茶叶会议提出“我国茶叶生产虽然取得了很大成绩，但是茶叶的数量和质量都不能满足国内销售和出口的需要，茶叶生产要有个大的发展，速度要加快”和“全国要搞好一百个左右年产五万担的重点县，作为茶叶生产基地”的指示，并把龙游县列入其中。彼时，龙游县茶叶生产发展较快，预计总产量17 000担[①]。已收购茶叶14 800担，比1965年增长3倍多，产量增长的同时茶叶品质也有所提高。同时，涌现出了一批粮茶双丰收的先进单位，全县已有20个大队年产茶叶超百担。省属十里丰农场有5 000多亩茶园，亩产实现了百斤茶。茶叶初制加工机械化程度不断提高，当年已有62座初制茶厂投产机制茶。同时，县农业局也指出不足：龙游县茶叶生产虽然取得了很大成绩，但是与桃江县、舒茶公社、上旺大队等先进单位比，茶叶生产发展的速度、数量和质量的差距还很大，必须认真总结经验，努力完成今冬明春发展新茶园15 000亩，1975年产茶叶2万担，1980年产茶叶5万担的基地建设任务。并决心贯彻执行毛主席关于“以粮为纲，全面发展”的方针，和“以后山坡上要多多开辟茶园”的指示。

1975年，浙江省为大力发展茶叶生产，分别在兰溪（金华市兰溪县）、金华市、龙游（衢州市龙游县）、江山（衢州市江山县）建设了4个大茶厂，是浙江省茶叶发展最快的时期。到1980年时，龙游县各地茶园面积较之前已经有了翻倍增长。

1974—1980年重点产茶公社茶叶生产任务

区别	公社	1974年实绩			1975年计划			1980年规划	
		茶园面积（亩）	茶叶收购量（担）	茶叶产量（担）	今冬明春发展任务（亩）	累计面积（亩）	茶叶产量（担）	茶园面积（亩）	茶叶产量（担）
上方	上方	857	268	322	1 000	1 875	450	2 000	1 200
	玳堰	913	269	322	1 000	1 913	450	2 000	1 300
	庙前	814	605	647	300	1 114	800	3 000	1 500
	灰坪	1 894	797	894	200	2 094	950	3 500	1 500
	洞口	3 804	1 219	1 279	500	4 304	1 300	6 000	4 000
	仙洞	1 250	287	374	500	1 750	450	2 000	1 000

① 担为非法定计量单位，1担=50千克。——编者注

（续）

区别	公社	1974年实绩			1975年计划			1980年规划	
		茶园面积（亩）	茶叶收购量（担）	茶叶产量（担）	今冬明春发展任务（亩）	累计面积（亩）	茶叶产量（担）	茶园面积（亩）	茶叶产量（担）
小计		9 532	3 445	3 838	3 500	13 425	4 400	18 500	10 500
乌溪江	洋口	862	321	418	500	1 362	450	1 750	850
	坑口	432	33	40	600	1 032	80	1 700	1 000
	举村	554	156	176	600	1 154	250	1 500	850
	岭头	538	158	174	500	1 038	200	1 800	1 000
	湖南	675	44	50	200	875	80	1 000	600
	白坞口	434	4	10	300	734	30	1 250	510
小计		3 495	716	868	2 700	6 195	1 090	9 000	4 810
溪口	沐尘	1 550	333	366	400	1 950	600	2 500	1 700
	溪口	1 155	327	359	400	1 555	600	1 700	1 200
	罗家	950	167	135	700	1 650	255	2 000	1 000
	灵山	550	120	132	700	1 250	160	2 100	1 200
	庙下	134	120	132	200	334	140	400	200
	大街	258	110	121	400	658	125	800	400
	梧村	266	70	77	150	416	110	500	250
小计		4 868	1 247	1 372	2 950	7 808	1 890	1 000	5 950
大洲	全旺	1 071	108	130	1 000	2 071	250	2 000	1 500
	岩头	847	117	140	800	1 347	200	2 000	1 200
	大洲	500	35	65	400	900	80	1 200	1 000
	石屏	154	70	77	200	354	100	500	300
	长柱	268	35	42	300	568	75	1 000	600
小计		2 840	365	454	2 700	5 540	705	6 700	4 600
石梁	七里	830	250	275	1 500	2 330	290	3 000	1 500
	下郑	1 309	310	341	500	1 809	450	2 500	1 500
	下村	608	125	138	800	1 308	250	1 500	1 000
花园	大川	600	46	64	500	1 100	140	1 900	1 000
	廿里	426	57	80	500	926	200	1 300	800

（续）

区别	公社	1974年实绩			1975年计划			1980年规划	
		茶园面积（亩）	茶叶收购量（担）	茶叶产量（担）	今冬明春发展任务（亩）	累计面积（亩）	茶叶产量（担）	茶园面积（亩）	茶叶产量（担）
杜泽	双桥	1 260	480	550	500	2 382	570	4 960	1 700
	峡口	2 252	511	640	400	2 752	940	5 000	2 500
龙游	上圩头	760	316	415	300	1 030	500	2 000	1 500
	占家	835	214	296	600	1 435	850	1 500	1 500
	寺后	458	78	94	400	1 058	140	1 000	1 000
模环	兰圹	1 200	127	181	150	2 165	300	1 500	1 200
十里丰农场	十里丰农场	4 500	5 134	5 134		4 500	6 000	5 000	10 000
合计		35 768	13 421	14 740	18 000	55 793	18 215	75 860	51 060

从1975年开始，龙游县大力兴办大型茶厂，1980年初发展万亩茶园计划。该计划持续了3 ~ 4年，主要集中在金华和衢州两地。金华的茶园是上华茶场和兰溪茶场，衢州则是九峰山茶场，另外还有江山的仙霞茶场，以及龙游县的士元茶场和团石茶场[1]。与此同时，茶叶加工技术人员也在学习扁形茶的制作技艺。街路村的茶农借外出打工之机，在中国农业科学院茶叶研究所学习茶叶炒制技艺。詹家、罗家等乡镇分别从中国农业科学院茶叶研究所聘请相关专家，培养了一大批手工炒制技术骨干。

1984年5月28日，龙游县供销合作社联合社针对日趋突出的茶叶产大于销的矛盾，下发了关于夏秋茶收购实行浮动价格的通知。要求根据茶叶适销情况对茶叶价格进行下调，浮动平均幅度为9.9%。

1985年11月7日，龙游县茶叶学会正式成立，这标志着衢州市第一个茶叶学会的落成。恰逢政策倡导名优绿茶开发，开始改大宗茶生产为名优茶生产。方山茶也就在这个时候，开始准备恢复试制。

① 口述人：詹锡根，男；访谈人：沈学政、陈雨琪、张马云、袁玉凤；访谈时间：2019年1月10日；访谈地点：于浙江省衢州市中共龙游县农技推广中心。

1984年龙游县夏秋茶收购价格调整表

单位：元/千克

品名	级别	等级	现行（春茶）收购价	下浮		品名	级别	等级	现行（春茶）收购价	下浮	
				调幅（%）	调后夏秋茶收购价					调幅（%）	调后夏秋茶收购价
遂炒青	一	1	245	18	201	遂炒青	五	8.5	110	6.3	103
		1.5	235	17.3	193			9	103	5.8	97
		2	225	17.7	185			9.5	97	6.1	91
	二	2.5	215	17.2	178			10	91	6.5	85
		3	205	16.1	172		六	10.5	85	7	79
		3.5	195	15.3	165			11	79	5	75
		4	185	14.5	158			11.5	73	4.1	70
	三	4.5	176	13.6	152			12	67	3	65
		5	166	12.6	145		七	12.5	63	1.6	62
		5.5	157	12.1	138			13	59	1.7	58
		6	148	10.8	132			13.5	56	1.8	55
	四	6.5	140	10	126			14	52	1.9	51
		7	131	8.3	120		脚茶	上	45		45
		7.5	124	8	114			中	34		34
		8	116	6	109			下	20		20

1983年的东门桥头茶馆

1985年方山茶开始恢复试制，试制地点选址在溪口镇合坑源村。这里的地理环境和当年的方山寺附近非常相似，村下方有一片毛竹林，上面布满了岩石。岩石上锌钛磷钾含量极高，且因人烟稀少，土壤基本没有施肥，是最适宜茶树栽种腐殖质含量极高的香灰土。毛竹林的竹叶下落，又形成自然有机肥。因茶叶科研经费有限，采摘标准又十分严格，试制前期还需要从农业推广经费中拨来补贴给农民。通过不懈努力的试制，当年方山茶便试制成功，并因品质优良即被评定为浙江名茶，并在1987年再次成功获评①。

1988年，科技人员继续潜心研究制茶工艺，通过反复试制，先后制订并创新了龙游方山茶生产、加工技术规程和产品质量标准，确认方山茶的加工工序为：鲜叶摊放→杀青→揉捻→理条→初烘→回潮→复烘→提香→整理。

1989年由龙游县农业局牵头，龙游县溪口区农技站、龙游县科协、龙游县湖镇区农技站以及龙游县士元茶场联合申报了浙江省科学技术进步奖。申报书中提到，方山茶属半烘半炒的绿茶，色泽绿润，香气清高持久，味鲜醇，叶底嫩绿，茶叶完整，品质优良。随即，获得浙江省名茶证书。方山茶从1986年开始恢复生产，到1989年形成批量生产，价格也从1986年的每千克60元，上升至1989年的每千克120元。制作成本从每千克30元上升为每千克60元，利润从每千克30元增到每千克60元，经济技术指标均达到国内名茶先进水平。

第三节　崛起的龙游黄

2018年，我们前往龙游县进行实地调研，深入了解龙游茶业的历史与现状。在调查历史名茶方山茶时，也欣喜地发现了现代创新茶业在龙游的发展：龙游凤尖与龙游黄茶。

龙游凤尖在龙游方言中被称作“白毛尖”，在20世纪90年代的龙游县

① 口述人：卓荣根，男；访谈人：方悦、陈梓辉；2019年2月1日，于浙江省金华市浙江师范大学卓荣根家中。

十分受欢迎，现属小众茶。当时，因大宗茶效益低下，茶叶市场疲软，茶园老化现象加剧。加之，市场需求和消费潮流变化迅速，龙游县几家大型茶厂处于亏损状态。1992年，龙游县成立了名茶开发中心，承担全县的生产管理和技术指导工作。通过科学管理茶树，精心制作茶叶，聘请专家指导名茶生产，龙游县第一高质量的龙井型名茶——“龙游凤尖茶”研制成功。1992年6月龙游凤尖茶被评为浙江省优质茶，同年10月获得首届中国农业博览会银质奖，1993年6月又获浙江省优质茶和一类名茶称号。自此之后，龙游凤尖名声远扬，市场得到不断地开拓，产品销往杭州、宁波、嘉兴等大中城市，以及上海、山东、江苏、安徽、北京等。

1991年前，全县以电炒锅为主的名茶设备450台，名茶采制面积约2 000亩。其中，龙游凤尖茶产量为12吨，产值97万元，占茶叶总产值的11.69%。通过5年努力，到1996年时全县以电炒锅为主的名茶制作设备达到了3 300台，名茶采制面积达到2.1万亩，占全县茶园总面积的87.5%，名茶制作技工3 500人，龙游凤尖茶产量突破108吨，产值达到1 209.6万元，占茶叶总产值的67.07%。5年合计生产龙游凤尖茶377吨，总产值3 625.6万元，取得了显著的生产效益、社会效益和生态效益。

1991—1996年龙游县凤尖茶生产情况

年份	凤尖产量（吨）	凤尖产值（万元）	大宗茶产量（吨）	大宗茶产值（万元）	总产值（万元）	凤尖茶占茶叶总产值比例（%）
1991	12	97	1 204	733	830	11.69
1992	37	296	1 233	791	1 087	27.23
1993	60	500	1 390	860	1 360	36.76
1994	78	680	968	580	1 260	53.97
1995	94	940	965	579	1 519	61.88
1996	108	1 209.6	960	594	1 803.6	67.07
合计	389	3 722.6	6 720	4 137	7 859.6	47.36

而伴随当代茶产业的不断更新变化，新型的茶树品种开始取代传统品种，成为未来的发展方向，龙游黄茶开始崛起。

“中黄三号”是在龙游县罗家乡发现的一款珍稀黄化变异茶树品种，其新芽嫩黄，制成的干茶色泽金黄、滋味鲜爽、香气浓郁，具有“低茶多酚、高氨基酸”的品质特点，其游离氨基酸含量达10.4%，是普通茶叶的2～3倍，也高于其他黄化茶品种。

龙游黄茶生产企业龙游圣堂茶叶有限公司的董事长缪述刚，年少时随父亲从淳安移居到龙游缪家村。在他15岁时，父亲包下茶山种茶，他由此开始接触茶业，当时种植的主要茶树品种为鸠坑种。至20岁时，他开始自己承包茶山。1999年，缪述刚在山上发现黄茶母树后，便将其枝条剪掉，根苗移植下山培育。起初母树本有采芽，但后来政府为了保护茶树而禁止采摘。现在，他已有茶山200多亩，几乎全部投产，且近两年均改种为黄茶。同时，他还带动了整个乡镇的黄茶产业。2018年，罗家乡共有龙游黄茶5 000多亩，每年需要采茶工2 000人，黄茶成为当地的特色产业。

为了保护茶树资源，缪述刚细心管护母茶树。我们前往探查母茶树的那天，刚下过雨，地面泥泞。茶树在田间与山间的交界处，需要经过村民的菜园才能往前走。母茶树与人一般高，枝干粗壮，生命力旺盛。初看起来，并无他异。但缪述刚却能慧眼识珠，在一圈被蔬菜地包围的地方发现了这株奇异茶树，随后投入全部的心血去培育茶苗，发展黄茶产业。

作为一种珍稀变异品种，龙游黄茶是从母茶树培育出的新品种，如今发展势头迅猛。截至2017年底，龙游县立足本地茶树资源优势，开展了适合本地茶叶生产的茶树新品种选育工作，“中黄三号”茶叶种植面积已超过133.3公顷。

2018年黄茶价格按等级划分，每斤的价格为300～2 000元不等。茶叶价格与等级，随着采摘时间而变化。时间作为一个影响价格的重要因素，在黄茶上体现得淋漓尽致。

2018年2月27日，为大力推广黄茶产业发展，龙游县人民政府下发《龙游县加快龙游黄茶产业化发展三年行动计划（2018—2020年）》的通知。要求到2020年末，按照产业规模化要求，三年扩种中黄三号面积达到1.5万亩以上，力争中黄三号的总面积达到1.7万亩以上，年产量达到240吨，产值达到1.5亿元。并建设4～5个单个规模10亩以上的中黄三号良种繁育基地，建设或提升2个名优茶加工集聚区，创建或提升4家以上省级标准化茶厂，建设或提升2个茶青交易市场，创建或提升5个美丽茶园，谋划建设1个茶业综合体。政府为鼓励农民种植“中黄三号”，出台了一系列补贴政策，希望在竞争日益激烈的绿茶市场中，凭借黄茶的品种资源优势，重新打造出龙游茶业的名声。

而回到我们最初的研究对象——历史名茶龙游方山茶上，在这一场黄茶产业的快速发展进程中，它的发展又如何变化呢？它的历史地位是否已被市场淘汰？我们来到核心产地溪口镇，寻找答案。

溪口镇是三乡一镇的商贸集散地，是龙游商帮的发源地。溪口镇位于龙游南部，是龙游县的主要产茶乡镇之一，全镇茶园面积133.3公顷。其中无性系良种53.3公顷，良种率达40%，是茶树良种化水平最高的乡镇。这里共有三个龙游县龙头茶叶企业——吴刚茶厂、翠竹茶厂和方山茶厂。21世纪初，这三家企业便发挥龙头优势，分别以点带面集合几十家产茶散户成立合作社，打造了“方山茶”“吴刚茶”等品牌。全镇茶叶年产值1 200万元左右，是全县茶叶龙头企业最集中、茶叶经济效益最好的产茶乡镇。

翠竹茶厂建于1996年，位于龙游县灵溪镇枫林村，这里有一千多户村民。厂长傅如清早早就在厂门口等待我们的到来，虽然茶厂建在半山上，但是交通非常方便。而且，让我们惊喜的是，一个生产传统产品的茶厂，厂区环境的整洁度却非常之高。傅如清同时也是衢州市龙游方山茶加工技艺非遗传承人、龙游县茶文化研究（促进）会副会长、衢州市茶文化研究会副会长、龙游县竹云间茶叶专业合作社社长，众多头衔傍身。他说他并不是本村人，他来自造纸业非常发达的庙下乡，祖上是客家人从山西迁移到福建，又从福建迁移到龙游定居。

高中毕业后正逢省公司下设的龙游精制眉茶厂招聘，傅如清便加入其中，负责茶叶精制加工环节。从1978年到1996年，他在眉茶厂工作了18年。眉茶厂主要的任务是将茶叶销售给上海、广东、浙江等地的进出口公司，作为大宗茶远销海外。1988年就有2万单的销售量。因茶叶市场环境大好，1980年乡镇企业龙游茶厂也成立了。1992年，全国开放名优茶，鼓励茶农种植名优茶，龙游当地茶厂生产的名优茶销路都很好，茶叶主要销往江苏。但也是在这一年，眉茶厂开始亏损，直到1996年茶厂改制。面临人生前途的抉择，傅如清决定离开茶厂，开始自主从事毛茶经销生意，主要销往临安、开化等地。

刚开始创业时，傅如清独立生产了三年的精制茶。他将茶叶分为10多个等级，分级生产和销售。2001年，因茶农开始大面积种植名茶，大宗茶原料不足，傅如清便承包了300多亩茶园，注册了“龙游翠竹”品牌，开始制作名茶，销往银川和南昌等地。这一承包，就是三十年。同年，他开始组织26家同做方山茶的单位成立合作社，由方山茶厂授权，统一品牌名“方山茶”，统一包装。虽然2003年才办下合作社的正规证书，但此时会员单位已迅速发展到了126家[①]。2005年，由翠竹茶厂牵头联合方山、官潭和大鼓山茶厂，自发组建竹云间茶叶专业合作社，将“翠竹”“方山”“俞银”“凤尖”四品合一，统一打造“方山”品牌，这在一定程度上提升了龙游方山茶的知名度和竞争力[②]。同年，合作社成立了党支部，这也是衢州市第一家拥有党支部的合作社。2007年翠竹茶厂被评为衢州市农业龙头企业，是浙江省示范茶厂。产品获浙江省第十五届名茶评比一类名茶，在中国茶学会第五届名优茶评比中获得“中茶杯”一等奖。2010年，傅如清打造的茶旅综合体——竹云涧茶苑落成，这是龙游县继吴刚茶厂后的第二家茶旅综合体。2014年，龙游县翠竹茶厂获浙江省商务厅颁发“浙江省老字号”称号。2017年，傅如清被评定为衢州市非遗传统技艺“方山茶制作技艺”代表性传承人，这也是方山茶唯一的一位非遗传承人。

虽然在方山茶历史传承的道路上一直坚定地走着，但在宏大的茶业创新发展的时代命题下，方山茶的发展也出现了颓势和局限。傅如清很担忧

① 口述人：傅如清，男；访谈人：沈学政、徐汝松、陈雨琪；访谈时间：2019年1月11日；访谈地点：浙江省衢州市龙游县竹云间茶叶专业合作社。

② 詹锡根，黄界明，傅如清，2012. 龙游茶产业的发展现状与战略构想［J］. 中国茶叶（6）：7-8.

后继无人，方山茶会逐渐被遗忘。不仅是市场的优胜劣汰规律，更重要的是后继乏人。这一份关于方山茶的历史资源要如何传承下去，他一直在探索。为了推广方山茶，他组织了中小学生征文活动，希望能将茶文化的种子埋入下一代的心田。

方山茶

离开翠竹茶厂后，我们一路上都在思考传统历史茶文化资源在当代发展的困境问题。方山茶作为龙游县唯一的历史名茶，在时代的发展、社会的进步以及消费者消费习惯的变迁下，逐渐被后起之秀“中黄三号”赶超。农产品的消费结构调整是农业系统向前发展的经济规律所表现出来的一种经济现象，是农业组织没有完全适应市场经济、经营能力和竞争能力较弱的一种表现[1]。因而，从方山茶到中黄三号的转变，也是龙游茶产业对市场经济规律的一种适应性调整。当历史名茶方山茶不再能够适应市场和消费者需求变化时，应积极寻求出路调整农业生产结构，提高产品竞争力。

---

① 王树祥，朱彦恒，2005．消费需求变化与农业生产结构调整［J］．山东农业大学学报（社会科学版）（1）：34-37．

历史名茶是一种文化遗产，它的存亡发展同时代变迁息息相关。面临着全球化和社会转型，人们的文化价值观开始发生转变，从而导致文化偏好的转变。随着社会的进步，各种新艺术形式和传播方式的出现，多元文化为消费者提供了更多的选择，丰富了人们的文化偏好。这在一定程度上使得中国文化遗产的功能在逐渐被其他产品取代。“中黄三号”以氨基酸含量为10.4%作为卖点，更能吸引追求健康饮食的消费者。同时，黄茶是近几年大势兴起的茶叶新品种，追求新鲜感的年轻消费者更是对其趋之若鹜。

而除却“中黄三号”之外，当地的红茶也开始崛起，对方山茶的存在也造成了一定的影响。我们随后来到吴刚茶厂，吴刚茶厂不生产方山茶，但其规模却远远大于龙游县所有生产方山茶的企业，它的主打产品是红茶。“龙游红”牌红茶是浙江龙游溪口吴刚茶厂的红茶品牌，它的茶园位于龙游南部山区庙下乡晓溪村，茶园四周林木繁密，生态环境优良。“龙游红”以鸠坑群体品种，单芽和一芽一叶初展原料为主，经萎凋、揉捻、发酵、初烘、理条、复烘制成，外形细紧卷曲，色泽乌润，金毫显露，汤色红艳明亮，香气高鲜有花香，滋味醇厚鲜爽，叶底均匀红亮。

吴刚茶厂每年红茶生产占总产量的40%～50%，绿茶以扁形炒青茶为主，剩余做一些针形白茶。厂长吴红刚1981年进入县供销社，负责收购茶叶和土特产。供销社改制后，进入溪口茶厂工作。1994年离开茶厂后，以个人名义承包了100多亩茶园，开始创业做茶。截至目前已有700多亩茶园基地，并开发了200亩示范标准黄茶茶园。

2000年，吴刚茶叶专业合作社成立，共有32家合作单位，是衢州市最早的专业合作社。2001年他开始试制红茶，以小种红茶的工艺方式加工制作，主要销往安徽、北京、江苏、上海、山东及衢州本地市场。2002年，吴刚茶获浙江省农业厅绿茶评比金奖。2003年便建成了现在的吴刚茶厂，并于该年“龙游红”红茶获得上海国际茶文化节中国精品名茶博览会金奖。2005年获得中国济南第三届国际茶博览会名茶评比金奖。2009年投入3 000多万元建成占地5亩的茶旅综合体，发展茶文化旅游产业，为传统的茶叶生产注入休闲旅游元素，寻求产业创新。2010年注册了“龙游红”商标，成为龙游县当地最大的红茶企业[①]。

龙游红与中黄三号，目前已经成为现代龙游茶业的两个重要支柱，而曾经辉煌的方山茶则艰难地在摸索寻找新的生长点。作为一种历史文化遗产，它的传承不仅仅需要消费者，更需要生产者的支持。只有能创造巨大经济价值的商品，方可吸引更多生产者投入其中。方山茶不似中黄三号可以创造巨大经济价值，生产者的锐减直接导致了市场上产品的稀少。如今的消费者可能对方山茶有所耳闻，但却一茶难求。

时代在变化，文化遗产也理应对文化消费的形势、内容进行创新，对产品质量进行提高，这样才能与群众文化需求、消费和非物质文化遗产的传承共同发展[②]。

---

① 口述人：吴红刚、男，傅晓君、女；访谈人：沈学政、徐汝松、陈雨琪；2019年1月11日，浙江省衢州市龙游县吴刚茶厂。

② 李杨，2013. 群众文化需求、消费与非物质文化遗产的论证联系［J］. 才智（20）：224.

第四篇

江 山 篇

江山绿牡丹，始制于唐代，北宋文豪苏东坡誉之为“奇茗”，后明代正德皇帝命名为绿茗，列为御茶。民国时绝迹，至1980年重新研制，被命名为江山绿牡丹。江山绿牡丹的加工工艺包括鲜叶摊放、杀青、轻揉、理条、轻复揉、初烘和复烘等几道工序。一人炒制，一人在旁摇麦秆扇是炒制绿牡丹茶的特点。

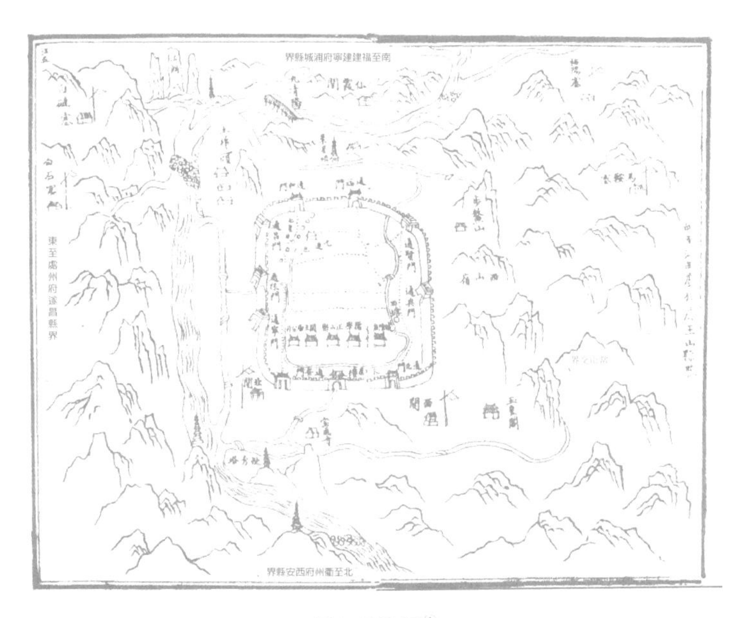

江山县治图[1]

① （清）林应翔等修，叶秉敬等纂，1983. 浙江省衢州府志［M］. 台湾：成文出版社.

第一节　江山绿牡丹

江山，位于浙西的最南端，与福建浦城交界，境内横亘仙霞山脉。作为浙西地区重要的产茶县市之一，江山出产过一款历史名茶，其名字极富女性化，唤作“绿牡丹”。绿牡丹，原名“仙霞化龙”。1982年时便在商务部举办的全国名茶评比中获得全国第二名，一举成名。不过，与周边县市的开化龙顶、龙游黄茶等发展势头相比，江山绿牡丹在当下的市场地位却不高。而在江山境内，取而代之的是更年轻的曲毫茶的兴起。

从杭州坐高铁可直达江山，交通非常便利。出得高铁站，就遇到了等候多时的农业农村局的工作人员。作为茶产业的一线管理者，他们尽心尽力，对江山茶产业的发展饱含深情。我们之间对于江山茶调研的约定，其实早在一年前就发出了。只是烦事困扰，一直到2019年6月才能成行。

江山市呈狭长形地理结构，东西窄，南北长。从北到南，有高速公路连贯。我们出发的第一站，直奔核心原产地：保安乡裴家地。车子走G3京台高速（北京—台北），经过仙霞服务区，到江郎山后，再从峡口镇、保安乡高速出口下，就进入保安乡范围。绿牡丹就产于仙霞岭北麓，分布于保安乡龙溪两侧山地，核心村落有裴家地、龙井村等。

江山农业以蜜蜂产业为主，连续25年全国第一，有国家级农业龙头企业1家，省级农业龙头企业2家。另外，还有畜禽、养殖，猪有60多万头。还有食用菌，这里还是白菇之乡，产量有3亿担。另外有中药材，猕猴桃等。而茶叶的总面积则是5.15万亩，全年产值1.8亿元。江山市的茶叶三分之一是茶青收购，实际销售的成品茶约三分之一，平均销售价为每斤300～500元。绿牡丹的成名，始于计划经济年代的一次全国性比赛。历史背后的故事，又是什么呢？我们继续探索。

车子行驶过长151米的仙霞关隧道和长90米的达坞隧道后，就到了裴家地村的路口。龙井村是自然村，裴家地是行政村，龙井村后来被合并为化龙溪村。与裴家地村，刚好是一条公路的两边。我们的车子向右转，开始了上山的路，行至不到百米就有一个山门，转弯上坡3.6公里就到达绿牡丹的发源地和核心村落裴家地。这里海拔472米，纬度28°，经度118°，是一个安静的山间村落。村中房屋沿一条小溪两边而建，有一处文化礼堂，已改建为绿牡丹博物馆。每年春天的开茶节，都会有祭茶祖的活动在村里进行。

村书记王岳华不仅是行政管理人员，同时也是村里裴清茶叶合作社的负责人，承担着村里茶叶加工和销售的经营任务。这种双重身份，也让我们的话题从原本的历史溯源增加了较多的产销模式内容。

裴家地是一个典型的茶叶村，这里全村做茶。全村共165户，总人数542人。其中，分布在茶农手里的茶山有450亩，合作社有357亩，合计800多亩。裴家地的茶叶生产模式，是由合作社负责收购、加工、生产和销售。村里家家户户都有茶叶，也都会做茶叶。

“在2000年之前村里是家家自己做茶，然后采购商上门收。但是，由于裴家地比较偏远，上门采购的茶商较少，所以还需要靠自己去销售，我就出去跑市场。当时还是扁担挑出去卖的，先到宾馆里去推销，再找茶叶市场和各级单位推销。通过去外面走市场，慢慢把绿牡丹的茶叶市场打开了。2000年之前，这里的茶树都是鸠坑种。从2000年以后，我们引进了新品种（浙农系列），可以提早半个月时间发芽。当时跑了很多地方，比如上海、江苏等。把我们农户的茶给他们喝，遇到懂茶的人说口感好，但加工工艺不统一，因为不是一个人做的。有人提议说，最好统一收购茶青，然后统一制作，这对我们启发很大。我们就想回来办一个茶厂，把茶青按标准来收购。2000年开始统一收购茶青，2005年我们去江山开了销售点，2006年成立了茶叶专业合作社。2009年办起了标准化茶厂，获得了绿色食品证书。现在村里各家家里不做茶叶，而是直接将茶青卖给合作社加工，由合作社集中销售。以前靠人收干茶也就每斤50～60元，而合作社收购茶青就是每斤60元，所以农户都很愿意卖给合作社。”①

与周边其他村落相比，裴家地的经济确实要富裕得多，这与茶叶经济和合作社模式分不开。2018年，茶青鲜叶的平均收购价是每斤58元，价高的时候大概是每斤100元，价低的时候也能有每斤30元，按时间的早晚来

① 茶青，即未经过炒制加工的茶树鲜叶。每天茶农先将茶叶从茶树上采摘下来，再送到合作社的加工点进行杀青、炒制等加工。

决定茶叶价格，而成品茶的零售价高的时候可达到每斤1 500多元。老百姓的生活因茶叶而改变，家家户户造起了楼房，从中获益。

村书记虽已50多岁，不过回忆起当年用扁担挑着绿牡丹挨家挨户去卖茶的场景，还是记忆犹新。和浙江很多名优绿茶产地一样，为了保证茶叶质量和价格，裴家地的茶季也很短，每年只做3—4月的春茶，明前茶差不多在每年的4月21日左右就结束了。虽然时间很短，不过每户平均有1万多元的收益。

因为村里家家都有茶，都要采茶，所以一到茶季就人手紧缺，需要向外面招人采茶。采茶工一般会从周边的峡口镇、廿八都镇，还有江西等地招人，每天100元的人工费，或者是按照采摘的茶青重量来计算为每斤50元的工时费，一般都不会少于一天200元。茶青成本和人工成本的上涨，加之当前茶叶成品茶市场销售的艰难，使得村书记不得不又开始带队跑市场。不过，现在的市场局面与当年的市场又不同了，线下经济已被电商渠道瓜分，新的消费方式和销售模式出现。这对于一个传统茶叶产地的经营者和生产者来说，眼前的市场难题原比采茶工更大。

“做茶叶最难的还是质量，传统的生意越来越少，喝茶的老一辈顾客渐渐老去，而且现在也不怎么买茶送茶了，很是焦急。现在觉得要追切进入电商渠道，我们得改变观念了。”幸好，第二代茶人开始接班。老王的儿子回到乡村，开始做起了茶叶电商，创新经营思路。传统的名优茶，正在改变姿态，尝试着与现代商业接轨。不过，在老王的心里，传统的质量依旧不能丢，这是一个地方名茶的核心。

裴家地所处的保安乡，共有7个村，几乎每个村都有茶。其中，裴家地是家家户户有茶，且村民们收入最高。按一亩茶园约100斤茶青的产出来计算，每亩的产值有6 000元。与此同时，这里也种满了毛竹，但由于毛竹的经济效益较差，每100斤毛竹的经济价值只有20元，整个产业在下滑。所以，茶叶经济崛起后迅速替代了毛竹，完成了山区经济的历史迭代。而裴家地为何又成为江山绿牡丹的核心产地，这也是一种历史的选择。

张元花，2019年时已81岁，一位在江山绿牡丹创制过程中全程参与的女性。由于思维敏捷，头脑聪慧，当年由原江山市土产公司的董中法所组建的茶叶研发小组，招募她入团队，成为重要的历史见证人。可惜董师傅已过世，无法采访到。所以，对于当年的历史，只能从他的徒弟姜建东和郑樟才口中，加上张元花的回忆，去了解和还原。

1981年，当18岁的姜建东和22岁的郑樟才从学校毕业，先后来到江山市土产公司时，当时土产公司特产科科长兼茶叶组组长的董中法，接到来自浙江省茶叶公司采购科科长唐力新的开发新的茶叶产品的建议，已经带领人员早在1979年就开始了试制绿牡丹的工作。

董中法带团队寻找合适的制茶地，第一次选择在了龙井村黄坛坑顶进行茶叶新品的研制。茶叶是做出来了，但质量不好。于是，研发团队们重新选择新基地，又去了龙长海处，也不理想。虽然芽头很粗壮，但是口感尚有差距。做了一次试制实验后，团队放弃了，最后选择了裴家地村。不过，当时裴家地的自然环境非常恶劣，没有路可以到村里，需要走台阶爬上去。研发团队们上去住了一个月，三月上去四月下来，做好的茶叶要用扁担挑下来。

"当时村里有个祠堂，不知道现在还在不在了。本来我们是住在那里的，但村里人老是讲一些关于鬼神的话，阴森森的，我们就走了。还有个矮矮的小房子，就在边上搭建了一个小灶台，在那里做茶叶。那时候有生产队，我们收鲜叶都放在这边，加工也在这里。当时村里有五个生产队，茶树鲜叶采下来后，先集中在两个生产队里加工。我们从每个生产队里选了几个比较优秀能干的女性，来教她们做加工。包括水仙啊，元花呀，都是在那个时候学起来的。那时有三个生产队都选派人来的，但是其中就两队的人比较能干。当时选了十几个人来，我们就教她们，给她们培训，培训过后现场做一次，看谁做得好就把她选拔出来，留下和我们一起做茶。"

姜建东的回忆，和张元花奶奶的回忆交织，帮我们厘清了当年研发团队的工作情况。

"那时候，师傅对鲜叶采摘标准非常严格，经常还会因为鲜叶标准和别人吵架。这个标准的严格程度表现在哪里呢？单芽都不可以有，茶叶太大了也不行，最好的采摘标准就是一芽一叶。单芽的茶叶太大的话，内含的有效成分就不够，而且外形不美观。所以，必须要兼顾茶叶的外形和口感品质，一芽一叶或者一芽二叶初展。初展的意思是什么？就是第二张叶子刚刚萌发出来，但还没有完全展开。由于对鲜叶要求之高，每次验收茶叶的时候，茶叶不过关都会让茶农拉回去重新拣，挑好再拉过来炒制。”

当年的制茶标准之严格可谓是精益求精，极致匠心。不仅是鲜叶采摘标准的等级之高，加工更是需要严格遵循传统手工制茶方法。从各生产队精心挑选出来的四位女性，每个人负责加工流程中的一个环节，形成一条流水线。鲜叶采收来后先摊青，然后手工杀青。每次只做半斤左右，待到手触摸茶叶时感觉茶叶偏软，手能捏成团时，就出锅倒入篾里。然后用麦秆扇扇凉，再手工揉捻。要经过轻揉、解块、轻复揉等一系列工艺。这里有几个注意点：木炭的炭头要烧尽，不能有烟。杀青的要求是不要焦，不要黄。第一锅杀青时间为5分钟，快的话3分钟足以。其中，杀青是整个制作过程中最重要的环节，需要用茶去翻茶，而不是用手去翻茶，更不能戴手套炒茶。因为戴手套的话，会对锅温的感知不敏感，也容易使得水蒸气沾到茶叶上。所以，当时的女工们十个手指上有八个泡，因为全部需要手工杀青。揉捻需重复三次，来回揉。然后，再三四锅合并一起烘干。张元花奶奶当年负责的就是烘干这个环节，据她回忆说，烘干是一个长时间低温的状态，需要非常耐心和仔细，才能完成这个环节的工作。

“烘干很费时间，现在不可能耗费这么多时间来做这件事了。温度也要把控得当，高了会把茶叶烘焦，低了起不到烘干的作用。总体温度也偏低，大概四十度左右。手工做茶就是一个慢慢熬的过程，熬到烘干了，然后就摊凉、装袋。董师傅对制茶的要求很严格，含水量要求只能达到3%左右。当时还没有测水分的仪器，完全就是用手捏，能捏成粉末的就是6%以下了。现在制茶的标准要求含水量6%～7%就可以了，我们那时的要求无论是从采摘还是到加工，各个环节的要求都是非常高的。”

因为要求严格，当年的产量也非常低。1982年时，也只是做了40多斤干茶。根据后期查到的一份1982年8月4日江山县多种经营办公室的《“江山绿牡丹”名茶生产座谈会纪要》的文件，里面记录了当时的生产数据。“当年，一共只生产了9.7斤（裴家地产6.3斤，龙井村产3.4斤）。第2年，生产46.2斤（全产于裴家地）。今年生产了167.9斤。制作方法，全靠传统手工操作。”

那时，人们追求的是质量，而不是数量。我们将这份珍贵的文件，摘录如下：

“江山绿牡丹”名茶生产座谈会纪要

八月三日下午，按县府领导批示，由多种经营办公室带头召开了省县供销社、土产公司、农业局茶果股等有关部门负责同志参加的“江山绿牡丹”名茶生产座谈会议。

首先，与会者一致认为：“江山绿牡丹”被列为全国名茶，是我（江山）县茶叶生产在县委、县政府领导下取得的一大成绩，是茶叶质量上的一大突破，这对全县人民，尤其对茶叶生产者是极大的鼓舞。

接着，与会同志围绕我县名茶生产情况及如何进一步发展、生产等一系列问题进行了座谈。我县目前“绿牡丹”主要产地在保安乡裴家地大队第五生产队，这个队的茶园基础好，具备了生产名茶所必需的自然环境条件。从这里生产出来的茶叶，具有色泽好、栗香重、略带甜味、清香可口等特点。除此之外，这个公社的龙井大队黄坛坑生产队也有所生产，但品质不如前者好。“绿牡丹”在我县的生产历史不长，它始于80年代。当年，一共只生产了9.7斤。第2年，生产46.2斤。今年生产了167.9斤。制作方法，全靠传统的手工操作，因系名茶，采摘（一叶一蕊，且须蕊大于叶）和加工技术要求都比较高，稍微有不周到之处，便会造成质量的下降。

这种采法，对茶叶产量影响较大，加工要求高，尽管每斤收购价格高达10元，但茶农仍反映不合理。大家认为，创一个全国名茶不容易，现在既然“榜上有名”了，就要珍惜它的信誉，保证和提高质量，进一步扩大生产。为此，县土产公司打算：

一、给省有关部门打报告，阐明我们的打算、想法、计划，要求帮助我们解决发展名茶所需的资金。报告写好后，派人专程送抵省城。

二、鉴于目前“绿牡丹”名茶生产技术人员较少，打算在本月底或下月初组织技术培训，从茶叶生产基础好的社队物色人员参加，为发展名茶生产培养一支技术力量，以适应名茶生产的需要。

三、扩大试点。我县除保安乡裴家地外，还有一批茶园适合生产名茶。今后，打算组织力量，开展调查，对适合生产名茶的茶园要加强技术指导和资金、物质上的援助。

四、要求县委、县政府对名茶生产进一步引起重视，加强领导，给予大力支持，对名茶生产与资金、肥料等方面加以优待和照顾。

这次会议开得很及时，同志们反映很好。徐红敏副县长参加了座谈会，更在会上讲了话。

江山县多种经营办公室

（一九）八二年八月四日

1982年，在董中法、姜建东、郑樟才等技术人员的带领下，在张元花等一线女工的积极支持下，江山绿牡丹试制成功。

"茶叶做成功以后，我们用个白色的塑料袋把两斤茶叶一称，扎起来后我就跟一位同事一起坐火车上省城送到唐立新手里，由他带去长沙参评。那个时候我们还没资格去参加审评会，评茶叶的都是国家级评茶师。现场盲评，完全不知道是哪一家做的茶叶，就像高考批改卷子一样，非常正规。当时全国参评的茶叶有几百种，最后获奖的有30种，浙江省有4种，而绿牡丹就是其中之一。"

得奖的消息，从长沙传了回来，全县上下都为之振奋。刚研发出来尚未经过市场考验的绿牡丹，其优良品质就已经得到了评委们的认可。这对这个新产品来说，是莫大的奖励。《中国财贸报》上登载了这一喜讯，后来我们在郑樟才珍藏的档案资料里找到了报纸的复印件。《江山报》也刊登了，当年任职的县长也专程来到裴家地村视察。

"关于定价，当时省公司专门下发了文件，是关于江山绿牡丹的收购指导价。一级茶叶的收购价为每斤45元，二级则是38元，三级为35元，三级以下就不收了。以后慢慢放开，指导价就没有了，可以自己定价。当时还专门有个浙江省地方标准和江山绿牡丹标准，但只限于手工茶。

绿牡丹的产量太低，1983—1986年没有一年产量是超过100斤的，每年大概就是60～80斤。从1987年开始，我们增加了几个基地，找到了大峦口乡和其他一些地区来设立生产点。1989年3月份开始，为降低成本，特产公司茶叶科和江山茶厂合并成立了新的茶叶公司，之后绿牡丹的生产就由江山茶厂管理。通过大力扩张，举办有针对性的技术培训班，免费培训绿牡丹加工技术，产量才大幅度提高。到1989年时，已经年产1 000多斤了，1990年有1 500多斤，之后就保持在年产3 000斤左右。1989—1995年加工茶叶的量，我们是相对控制。1992—1993年开始有峡口林场和仙霞茶厂共同加工，产量慢慢上去了。

1990年时因为产量增长快速，就开始考虑是否要注册商标。虽然已经向省里面申请了江山绿牡丹的商标，但是国家层面还没通过。这当中，还有一个故事。1988年时，黄山绿牡丹抢注了商标。所以，经过多方面评估，我们在1990年注册了仙霞牌江山绿牡丹。这是江山绿牡丹的第一个商标，是以江山市茶叶公司的名义注册的。时任茶叶公司总经理和厂长的周君望，思想敏锐开放，由他注册了仙霞牌江山绿牡丹。

绿牡丹对产地的要求很高，非山区不行。名茶的生产有一定的局限性，平原的茶没有山区茶叶好。裴家地古茶园做出的茶叶品质好，是山上的茶有栗香。所以只能在山区推广，平原不推广。好的名茶，成功的要素一是质量环境、二是采制标准，再者才是加工工艺，少了哪一环都无法进行。当年创制的第一代师傅，传承下来的要求是做出真正的有品质、纯手工加工的绿牡丹。茶叶的品质，首先是安全，再者是做工，包括采摘、摊青，都有其参数。但是，最重要的是用心，需要我们慢慢领悟，整个人沉浸其中，只要把茶做好就可。”

绿牡丹成功创制后，其他乡村前来邀请张元花出去传授技艺，当时的技术服务费是300元，算得上是一笔巨款了。于是，她成为绿牡丹的第一批技术传播者。张元花共育有7个孩子，其中第4个孩子是以茶叶为生，得以将绿牡丹技术一代一代传承下去。当年一起创制的人员，都已陆续离世。但通过这样的口述，他们对茶品的严格要求得以让吾等后辈知晓之，并传承之。

江山茶叶主要集中在东南区，分布在峡口镇、凤林镇、新塘边、保安乡、张村乡等乡镇。共有3个街道，清湖街道、双塔街道、虎山街道，以及

14个乡镇。裴家地所属的保安乡历史悠久，沿路的宣传道旗上写着“民国小镇，七彩保安”。这里是戴笠的老家，尚保留有戴笠故居。不过，我们的重点不是去找戴笠的故居，而是找保安乡的茶叶专技人员徐有武。

去往保安乡的路，需走仙霞古道方向，岔路口有一家古道茶楼。这里是中国历史名关仙霞关的所在地，是浙江和福建的交界处。江山市只有凤林镇和保安乡，配备有专门的茶叶技术人员，可见这两个乡镇的茶产业是极其重要的了。

保安乡的茶叶专技人员徐有武，在会议室接待了我们，为我们讲述他所经历的绿牡丹发展历史。

“我毕业于江山农业技校，也就是江山中专的前身，在学校学了一年怎么做茶。毕业后就分配到了保安乡，负责茶叶工作，一直到现在。2008年前（保安乡）有12个行政村，现在是7个行政村，61个自然村。

龙溪、裴家地的茶叶都是成片规模的。最早茶产业的发展是在（20世纪）60—70年代，主要种植群体品种。到80年代以后，江山土特产公司到保安乡来创制新产品，就到现在的化龙溪村、黄坛坑底自然村，在那里研制。当时茶叶虽然是做出来了，但是品质有问题，不够好。所以，第二年也就是1981年就转移地点去到了裴家地，改进技术后就研制成功了。

随着炒制技术推广，整个乡就开始全面推广绿牡丹。我是1984年到保安乡工作的，1984年、1985年时开始全乡普及绿牡丹。那时的专业生产大户，炒制人员很少，就到裴家地那里去请人做茶。通过这种技术推广的形式，再加上培训，绿牡丹技术就得到了普及。我当年才20多岁，根据之前自己在学校学的知识原理，摸索整理出了一套江山绿牡丹的制作工艺，然后就在乡里举办培训班。第一次举办培训班时，当时参加的就有30～40人，我还特地请了我的同学来作为讲师讲课。我们设计了理论和实操的课程，内容包含了江山绿牡丹的制作、其他名茶介绍、制作工艺等内容，2天时间的培训课程排得很充实。”

徐有武的讲述，补充了张元花之前的回忆空白点，为我们展现出了当年绿牡丹技术推广普及的重要画面。如果没有这一技术普及的环节，绿牡丹也无法建立起重要的行业地位。可惜的是，当年的培训材料我们没有找到。

“作为一个旅游乡，保安乡每年有30万游客，全乡虽然户籍人口6 400人，但常住人口不到3 500人。这里九山半水半分田，有10万亩的毛竹林，水田很少，只有3 800多亩，人们的生活主要是靠山吃山。保安乡产茶叶的历史很悠久，有保留了几百年的千年古茶树，还有明朝时期就有的贡茶。整个保安乡的茶都是以裴家地为发源地的。2005年以后，茶叶产业开始衰落，因为当时的毛竹价格上涨，于是老百姓们开始砍茶树。因为茶产业附加值降低，品牌效益降低。现在，在竹林里还有5 000～6 000亩的野茶，茶叶品质好，海拔高，茶汤浓度比较好。但是目前我们也只做春茶，不做夏秋茶。”

采访中，乡镇书记为我们讲述了他对茶产业的认识，他正在思考如何延长绿牡丹的产品生产线，充分利用夏秋茶叶的茶树资源，进行品牌打造，提高农民收益。

江山茶历年面积产量统计表

年份	面积（亩）	产量（吨）	年份	面积（亩）	产量（吨）
1950	2 600	915	2007	39 500	1 900
1967	5 000	1 664	2008	41 100	2 010
1968	13 000	1 600	2009	42 000	2 100
1970	23 900	2 160	2010	43 000	2 100
1973	33 054	3 887	2011	45 500	2 110
1981	41 100	761	2012	47 120	2 200
1982	45 100	881	2013	48 220	2 120
1986	45 600	1 014	2014	49 300	2 185
1992	35 400	1 422	2015	50 500	2 050
1994	28 320	1 378	2016	51 000	2 100
1999	21 360	1 484	2017	51 500	2 200
2000	20 850	1 579			

注：1950—2000年资料来源于《江山市供销合作社志》；2007—2017年资料来源于江山市农业推广中心。

1986—2000年，江山市的茶园面积呈下降趋势，主要原因是茶业改果业，因茶叶经济效益不好，农民弃种茶叶，属自发行为。2000—2006年，无数据。至2017年，虽然面积重新翻倍增长，但产量增长不高。

第二节　仙霞茶场

江山市的茶叶，总面积在全国县市中虽并不算大，但在茶园管理和产业经营上，一直摸索创新。早在1940年，江山茶叶便已经出口。新中国成立初期，茶叶由供销社为中国茶叶公司代收购。1950年全县茶园2 600亩，产量915吨。1957年，供销社对茶叶等主要农产品实行预购办法，与农户签订预购合同，先预付一部分定金，然后农民按合同将农产品卖给供销社。这种采取扶持农民发展生产和组织收购相结合的订单式经营模式，在当时已是相当创新。1950—1960年，收购茶叶776.4吨。1961年4月，在收购茶叶等10个品类作物时，还奖励了粮食、化肥、布票、自行车、缝纫机等。1962年，新塘边在徐弄山黄土岗试种茶树成功，茶园建设向黄土丘陵发展。1980年，茶叶收购基数确定，超产分成、超购减税加价。超基数部分，春茶加价30%，夏秋茶加价25%，全年收购551吨（基数433.5吨）。同年，绿牡丹试制成功，仙霞茶场随即成立。

从一款被成功复原的历史名茶，开始了一方产业的发展，从这经营主体的生命历程变化中，可以看到中国农业经济发展的缩影。在江山茶叶发展的历史上，每个阶段的经营主体，都起到了引领产业发展的重要作用。首先要追溯的就是仙霞茶场。为此，我们走访了徐孝兴、陈加士等亲历者，从他们的口述中了解当年的主要生产情况。

1980年10月，江山县成立浙江省农垦农工商联合企业公司江山仙霞茶场，隶属浙江省农垦农工商联合企业公司。为了大力发展茶产业，1980年10月至1981年2月，第一期开发茶园1 500亩，种植的茶树品种为鸠坑群体种。1981年8月至1982年2月，第二期开发茶园2 531亩，除鸠坑群体种外，还引进种植了福鼎白茶和乐昌白毫群体种。1982年8月至1983年2月，第三期再度开发茶园250亩，种植鸠坑群体种。

1983年，筹建了第一个炒青茶初制茶厂。1983—1984年，又筹建了第一个烘青茶初制茶厂（淤头初制厂）。1984年，浙江省农垦农工商联合企业公司江山仙霞茶场下放江山县办，成立浙江省江山仙霞茶场，隶属江山县农委主管。1984—1985年，分别筹建礼贤、敖坪、石后三个烘青茶初制茶厂。1985年，江山全境有46个乡镇种茶，面积超1 000亩的乡镇有15个（上余、赵家、何永山、新塘边、上王、横渡、敖村、张村、塘源口、保安、廿八都、大峦口、周村、定村、双溪口）及丹霞茶场。以上总面积达到了27 076亩，占全县的64.3%。1985年，茶叶开始多渠道营销。1981—1990年，共收购茶叶5 619.6吨。1987年，筹建仙霞茶场精制茶厂，生产烘青茶素坯。仙霞茶场设有五个分厂，四个是茶厂，一个厂种水稻。一开始什么茶都做，做过花草茶、蒸青茶，后来开始大规模制作大宗茶（珠茶）出口。1987年，江山茶厂外销眉茶400.4吨，创外汇达100万美元。从1984年开始仙霞茶场有了利润，1989年成功注册“岭霞”商标。1989年1月，经浙江省计划经济委员会，对外经济贸易厅进出口商品检验局验收，江山茶厂获“省出口商品生产创业合格证”。1989年3月21日，江山市茶叶公司成立。与茶厂“一套班子”特产公司茶叶组划归市茶叶公司。1990年，开始生产岭霞“江山绿牡丹茶”。90年代达到业务顶峰，产供销一体化，年总产量500 ~ 1 000吨，年产值最高有1 000万元，干茶每斤3 ~ 5元。当年国家下放农垦资金给四个茶场，其中仙霞茶场三年就达到了4 500亩，是其中最大的茶场。1993年3月17日，江山茶厂、市茶叶公司、茗达实业公司、绿牡丹实业公司、市郊（上余）、峡口、坛石、贺村供销合作社等以入股形式，联合成立江山市茶业（集团）总公司。1991—2000年，收购茶叶达到2 683.4吨。仅1993年，收购茶叶就达到736.4吨，是有史以来茶叶收购最多的一年。1995年2月15日，组建江山市供销食品工业有限公司，下设浙江省江山茶厂和江山市罐头厂。同时，开始推广机械采茶直至全部机采。1996年，开始引进珠茶生产。1997年11月，对茶叶公司实行股份制改革。1999年，筹建茶苗无性繁育基地20多亩，先后繁育乌牛早、龙井43、福鼎、迎霜、浙农系列等品种[①]。

1991年，徐孝兴进入仙霞茶场的精制车间，他回忆了当年在仙霞茶场工作的情况。

1993年茶厂内部责任制改革，1993—1994年引进生产名优茶的40型杀青机，后来引进网状的烘干机。在名优茶方面，1992年请杭州西湖龙井师傅试做部分西湖龙井（浙江龙井）。大宗茶方面，主要进行茶叶精制，当时毛茶一部分是供给供销社做精制，其余内部加工，卖茶坯到福州做成花茶运到山东泰山卖。1993—1995年我就到了第一分厂。2000年到第二分厂，当时招商引资，引入了新洲公司。2000年开始承包茶园2 300亩左右。第一年并不生产茶叶，只是修剪茶树，让茶树养的粗壮些。2001年开始生产，当时出口蒸青茶的价格为每斤11.5美元，由浙江茶叶进出口公司负责采购。2001年时有了100多万的纯利润，2002—2005年每年有300万～400万元纯利润，每年生产干茶600吨，产值1 400万元。2006—2007年效益下降，因为当时出口日本的蒸青茶销量下降。一方面是由于受到日本农残指标的影响，另一方面是出口影响到了日本的农产品保护政策。2006—2007年厂里的经济收益下降，一年只有四五十万元。2007年以后市政府要建立中部开发区，就将当时面积不到3 000亩的茶园，剩下1 000多亩制作珠茶，承包给别人来经营。[②]

在江山市档案馆中，我们发现了两份有关仙霞茶场的珍贵资料。一份是莲华分场敖平公社分大队的土地入股面积表，另一份是江山仙霞茶场建设年产3 000担茶叶初制厂设计的任务书。字里行间，可以看到当年的生产热情。

① 根据《江山市供销合作社志》记载，整理所得。

② 根据徐孝兴口述整理，采访人：沈学政，采访时间：2018年8月29日。

浙江省农垦农工商联合企业公司江山仙霞茶场

莲华分场敖平公社分大队土地入股面积统计表（1981年12月16日）[①]

单位：亩

大队	入股面积	其中		基建	种木
		种茶	留橘		
团结	228.99	228.99			
公社农牧场	159.06	151.12			7.94
民主	291.16	202.92	88.24		
花园	127.87	127.87			
八里畈	133.35	86.42	46.93		
周家	121.58	121.58			
毛加坪	159.34	159.34			
上陈	44.72	44.72			
湖前	23.31	23.31			
贺敖	37.64	30.34		7.30	
环山	55.49	55.49			
达仟圩	25.45	25.45			
合计	1 407.96	1 257.55	135.17	7.30	7.94

江山仙霞茶场建办河头炒青年产3 000担茶叶初制厂设计任务书[②]

我场在党的三中全会精神指引下，在省局和江山县委的正确领导和有关部门的大力支持下，经全场干部、职工的共同努力，于1980年9月筹办以来，已发展茶园4 031亩。其中第一期发展1 500亩，第二期发展2 531亩。目前茶叶生长普遍良好，使黄土岗变成了新茶园。据我们分析，今年种植茶园可产茶115担，常规茶秋末打头一次可产茶45担，全年可产茶160担；1984年种植茶园可产200担，常规茶可产400担，全年产茶600担。1985年可产茶1 600担，1986年可产茶5 000担；预计1990年可产茶近万担。只要我们不断完善联产承包责任制和科学管理，上述增长幅度是可以达到的。

①② 信息来源于江山市档案馆的馆藏资料。

为此，今年务必建好第一个茶叶初制厂，为今后全面落实粗精制厂布局打下基础。

2002年，“岭霞”商标获衢州市著名商标。2003年，“岭霞”江山绿牡丹茶获衢州市名牌产品。2004年，获国家无公害茶叶生产基地、浙江绿色食品基地认证，“岭霞”江山绿牡丹茶获国家无公害产品、浙江绿色食品产品认证。2006年，“岭霞”商标获浙江省著名商标。2009年，在经历了数次重大的机构改革后，仙霞茶场整体转制，不复存在。原有人员并入茶叶技术推广中心，工作至今。

仙霞茶场，作为一个地方茶叶的生产主体，它的发展历史也是中国从计划经济转型为市场经济的一个缩影。三位受访人员的命运也随着茶叶生产主体的改变，在时代的洪流中发生变动。唯一不变的是他们对茶业的热情和关心。这是我们在江山当地走访时最大的感受，每位受访者对于绿牡丹都抱有遗憾和深情。这种源于自身命运的地方情谊，带有浓重的乡土身份认同，也因此变得更为厚重和迫切。绿牡丹应该如何接受当下时代的冲击，在快速变换的时代里重新找到核心竞争力。从早期的讲究手工和外形，以及对一芽一叶的品质追求，到如今的口感和香型的转变，更贴近现代消费观念的需求，找到可持续发展的道路，让历史文化资源不再沉默，人人都在思考。

江山市原农业局局长江勇的思考，也许可以作为我们对绿牡丹探寻后的总结。他认为，应该摆脱绿茶市场固有的对时间的追求，而改为对口感的追求。目前江山的茶叶经营主体中，多为家庭农场、专业合作社，卖的是土货，以毛茶形式销售，这难以适应现代化的市场需求，缺乏品牌意识。想要做大做强，需要寻找更大的市场，需要品牌化、公司化。

第三节　历史与创新

离开裴家地和保安乡，调研小组兵分两路，一支走峡口镇，一支走凤林镇。我和赵敏老师前往江山南部的中心镇——峡口。峡口镇的名字有一定的来历，据说这里太阳越大，风越大，是源于它特殊的地貌特征，颇为神奇。

随后，我们赶赴峡口镇采访裕红农业[①]。裕红农业现有300亩茶园基地，分别生产春夏秋三季茶叶，所以厂里的生产期比较长。每年的茶叶产值2 000多万元，是当地最大的茶叶生产型企业。既生产绿牡丹和毛峰，也生产红茶如金骏眉，还有白茶。不仅在江山农贸城内开了一家销售店，同时也在武夷山开店，从事茶叶批发业务。

峡口是江山的最南端，也是娃哈哈矿泉水的取水地。自然环境极好，峡口水库是一级水源，属于钱塘江源头。我们前往的目的地是大峦口村，上山路上有短信提示我们进入一级水源保护区。江山当地的气候极好，风轻云淡，万里无云。据说，江山没有台风，而今年也无雨，以致水库的水位下降，露出了一大片的河基，绿草盈盈成了天然的草甸，不禁令人感叹江山如此多娇。

去大峦口村，会先经过一个白鹅村。顾名思义，这里养殖了较多的白鹅。沿山路继续往上攀登，就到了茶丰村。我们偶遇了80岁的林叶森老爷爷，他在1960年“大跃进”时期是小队队长。家里有一亩茶园，所以每年也要从清明一直采茶到夏季。每次自己家的茶叶采完了，他就会去别人家里帮着采，挣些采工钱。

林爷爷听说我们是来找茶园遗址的，便告知村子上方有一个祠堂，民国时期曾有一个国民党的丁姓县长，逃难住在那里。后来我们在江山博物馆里找到了这个县长的名字，验证了这段历史的真实性。

茶丰村原来有2个生产队，共有200多人，现在只有22人居住，主要是老年人。村里有4～5个种茶大户，6～7个加工点。春茶的头茶大概是每斤60多元，一般可以采到10月份。以他家为例，茶叶的产值一年3 000～5 000元。还有茶油，现在价格约为每斤60元。另外，家里还有30亩猕猴桃。这里以前就有野生猕猴桃，现在则种的是徐香猕猴桃品种。茶

---

① 受访者为1997年出生的吴晓晖和黄建辉两位年轻茶业经营者，年轻人从事茶行业的现象在江山较为普遍。在经过老一代人的经营后，新一代力量的崛起值得重视。采访人：沈学政；采访时间：2018年8月29日。

丰村的茶园全部为散落种植，没有连片规模，以猕猴桃和茶叶的套种技术为特色农作物种植模式。由于这两种作物的成熟采摘时间可以错开，春季采摘茶叶，夏季采摘猕猴桃。加之猕猴桃树的枝叶较大，可以给茶树遮阴，所以也保证了茶丰村的茶叶品质比其他村落的更好。

告别林爷爷，我们继续往山上走，去寻找当年的祠堂。最上方的是茶丰村五队，也就是血柏坞自然村。由于这里种有红豆杉，远远看去红色一片，因此取了这个名字。村落的方位非常隐秘，藏在大山深处，上山下山都只有一条路，基本属于封闭区域，确实是最佳的躲藏地。村落里没什么人，很安静。很快我们就找到了祠堂，可惜的是已完全破败不成形，徒留房屋的框架，遍地杂草。正准备离开时，突然发现斑驳的墙壁上有一张做工的时间表，上面竟然有“茶”字样，真是惊喜发现。

茶丰村五队墙壁记事

斑驳的墙面上，印刷着当年生产队时期的标语口号：请看看，你今天干什么活。然后，列举了一天里所要干的农事任务。内容大致有，耕田、种玉米，以及采茶叶。落款时间是1960年5月，应是当年生产小组时期的文字。看来，在1960年时，这里就已经有茶叶种植，并且是日常工作内容之一。

这面斑驳的墙面，是我们在江山地区最有价值的发现，在江山茶叶的发展史上是一个重要的历史物证。没想到，在这个偏僻的山中村落，茶叶亦是人们的日常劳作事务，与人们的生计密切相关。

下山后，我们返回到峡口镇政府所在地，遇到几位在食堂帮工的女性，询问了她们家庭收入和劳作情况，统计出如下这张表格，基本可以描绘出村民的年经济收入来源和农事结构。

峡口镇茶丰村村民一年的农作物及经济收入情况

月份	种植农作物	经济收入来源	单位	年产值（元）
1	马铃薯	—	—	—
2	—	茶叶	元/户	3 000 ~ 5 000
3	生姜	茶叶	元/户	3 000 ~ 5 000
4	水稻	—	—	—
5	花生、水稻、红薯	杨梅	元/户	3 000 ~ 10 000
6	芝麻	—	—	—
7	—	猕猴桃	元/亩	10 000
8	—	猕猴桃	元/亩	10 000
9	—	茶籽油	元/斤	60 ~ 70
10	—	板栗	元/斤	3 ~ 4
		生姜	元/亩	300
11	油菜	—	—	—
12	—	—	—	—

从本表中我们可以发现，除了12月进入寒冬，农事停歇外，山民们的农事生活是贯穿全年度的。由于种植的农作物品类多样，所以收入来源也比较多元化。猕猴桃和茶叶，是两大主要的农作物经济收入来源。除农事外，这里没有发展农家乐或者乡村旅游、民宿等副业。而在食堂帮工的两位女性，则通过在镇政府食堂打工来改变自己的收入结构，从农作物销售变为劳动力销售。

另一条走访路线去往的是凤林镇，凤林镇的茶山地形属小丘陵地形，徐姓是凤林镇的大姓。从2008年开始种植茶叶的花山茶场，目前总面积为600多亩，在当地属于规模性茶场。种植的茶树品种有白叶一号、黄金芽、春雨二号、福鼎白茶。产品主要以江山绿牡丹为主，也生产白茶、卷曲型绿牡丹（曲毫）、黄金芽。销售方式为批发和零售，并开设有专卖店。中低档茶叶年产量约2万斤，高档茶叶年产量约1万斤。目前，江山绿牡丹没有划分等级，仅是通过价格进行区别，从每斤500 ~ 1 600元不等。2013年江山发生了一次大旱，当时茶树死了很多。后来，就开始种合欢树，采取套种模式，对茶树进行遮阴。这与茶丰村的猕猴桃茶树套种模式相似，套种技术已经成为江山市发展茶业的独特方法。

而另一个凤九家庭农场，则从2002年开始经营茶叶，目前主要以茶叶批发为主，拥有茶园面积500 ~ 600亩。产品以红茶为主，制法上采用武夷山红茶工艺，主要销往福建武夷山地区。同时，他们也生产扁形绿茶，销往松阳、杭州农贸市场。一般每年采摘春夏两季，3月初到5月中旬采摘，然后7月底到10月底再进行采摘。凤九农场在经营初期也做绿牡丹，随后改做红茶。当我们问及为何不坚持做绿牡丹时，他们告诉我们因为武夷山人前来江山收购青叶时，收购价格比较高，将品质好的青叶收走，直接导致了绿牡丹的原料变差，品质降低。因此，才改做红茶。

而来自茶韵的主人周可可，是一个90后的茶二代，2013年从武汉理工大学毕业后即回家做茶。从安吉白茶的销售开始，将茶叶销往江苏、浙江等地。

在凤林镇，我们选择了3个不同类型的访谈对象，分别是规模性茶场、家庭农场和年轻的个人创业者。他们的体量规模从大到小，呈现不一。不过，有一点相似的地方是，在他们的经营类目中都没有绿牡丹，所做的多为其他类型的名茶。

这种历史名茶在本地人的产业经营中“缺失”现象，足以引起我们的深度思考。是绿牡丹对当地经营者失去意义了吗？还是绿牡丹被其他创新茶类所冲击，失去了市场竞争的活力？我们发现，与龙游方山茶的处境相比，江山绿牡丹的遭遇则夹杂了地域困境和周边区域的市场冲击。

江山位于衢州的最南端，与福建、江西接壤。众所周知，福建和江西都是产茶大省，且有市场知名度较高的茶叶，比如武夷山茶。这些茶类的高溢价能力，导致已有鲜叶量难以满足市场需求，于是对鲜叶的需求就外溢到了周边产茶县。而原本一直坚持自主创新的江山绿牡丹，在道路交通不发达的年代，还可以依靠仙霞山脉的天然屏障，构建起自我防御线。但在高速交通日渐发达的当今，茶叶运输从数日压缩到数个小时后，外在的防御机制被突破。高等级鲜叶纷纷被采购，留给本地市场的只有中低档鲜叶，直接冲击了本地茶叶经营者的市场自信。1982年获得全国盛名的底气，被地理交通的便捷性和自由交易的市场经济所突破。对于绿牡丹的没落，当地人表示非常可惜而且很无奈。这是一个因为市场价格的变化而自然淘汰的过程，包括红茶销售的转移。在市场竞争中，江山茶叶逐渐失去了自身特性，成为外部市场的被动追随者。而为了维持自身的产业自主性，我们也应该看到江山茶业的努力，裴家地等重要核心茶区的坚守。江山如此多娇，需要自主创新，守住市场，走出大山。

幸运的是，在经过无数次失败的试制后，继绿牡丹之后的30年，又一种新型茶叶正在江山开始流行，那就是曲毫茶。这其中，罗洋曲毫是发起者，也是佼佼者。

罗洋曲毫绿茶创制于2001年，产自浙、闽、赣三省交界处的江山市双溪口乡十罗洋的高山上，海拔1 275米。茶园周边都是天然混合林，常年云雾缭绕，群山苍翠，自然环境非常优异。十余年间，罗洋曲毫已经取代绿牡丹，成为江山茶叶的另一张名片，是“华东地区十大名茶”之一。外表呈卷曲型的曲毫茶，口感鲜爽甘醇，已经被市场高度认可。而这背后隐藏的是发起人廖松柏的经营理念。

老廖并非从小做茶，也非世代做茶，他是半路出家，从以前经营木材生意转而投身于茶的事业。由于对茶并不了解，没有先期基础，所以一开始想的是走传统的路线，做绿牡丹。但是，茶叶虽然是做出来了，可是市场并不认可，第一年就亏了100多万元。老廖这人还很坚持，极有原则，不肯降价，不肯讲价。卖不掉，宁可倒掉，从最开始就很注重品牌。然后，他专程前往浙江大学、浙江农林大学等高等院校，寻找科研合作。选用清明前后一芽一叶的鲜嫩茶芽为原料，经过多项工艺精工细作而成曲毫型绿茶。试制出来的茶叶，外形细紧勾曲，匀称匀整，独具的栗香馥郁持久，滋味鲜醇甘爽，耐冲泡。茶叶研制出来了，他依旧坚持不讲价的原则，不让价格波动。由于茶园环境优异，全程实行茶叶无公害生产和产业化加工技术管理。他对茶的品质把关非常严，将茶叶按等级划分。由于茶园海拔高，发芽比较晚，所以如果遵循传统绿茶市场对于时间的追求，他没有优势。因此，曲毫茶并不以茶叶的时间来定等级，而完全是以茶叶口感品质来划分等级。如今，罗洋曲毫，已经以安全优异的品质在市场上博得了良好的口碑。市场上也开始出现了一些假冒罗洋曲毫，这反而增加了他的知名度，曲毫茶已逐渐取代了绿牡丹，成为当下江山茶叶的新主流。

传统名优绿茶，是在特殊的历史时期诞生的。在其诞生之初，绿牡丹对茶叶采摘、加工的标准，也远超同时代茶叶的制作标准，因此脱颖而出。经过了近40年的时间，绿茶市场逐渐饱和，人们对于绿茶的消费有了更新的追求。从外形、时间的比拼，到口感、品质的倚重，是市场的进步，消费观念的进化。而传统的名优绿茶的品牌声誉，作为一种有历史的文化资源，也可以结合当下的消费市场，进行产品的重新打造，从而实现叠加效应。

第五篇

开化篇

开化，是衢州境内茶园面积最大，茶叶产量最高的县域。水土丰美，十分利于茶树生长。地杰茶灵，出产于此的开化龙顶滋味天成，享誉全国。开化茶品质之好，古已有名。

位于衢州最西端的开化县，地处浙赣皖三省七县交界处，浙江省的母亲河——钱塘江从这里发源，自古就有“歙饶屏障”之说，被称为“华东地区重要的生态屏障”。开化境内山如驼峰，水如玉龙。放眼四望，满目苍翠，晴日遍地雾，阴雨满云山。境内海拔千米以上的山峰有46座，漫射光极其丰富。

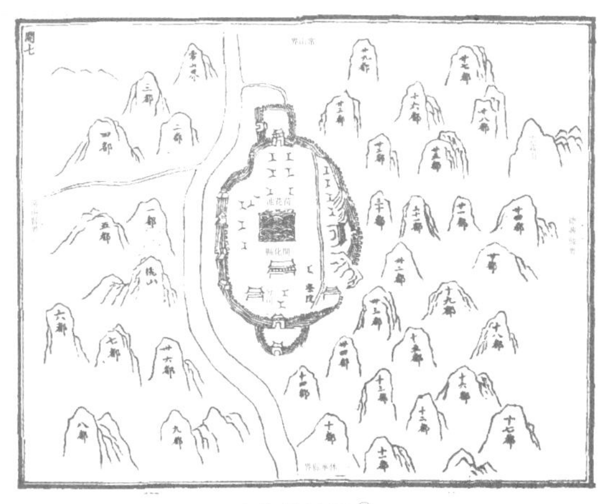

开化县治图[1]

① （清）林应翔等修，叶秉敬等纂，1983. 浙江省衢州府志［M］. 台湾：成文出版社.

第一节 明清贡茶

研究开化茶业的发展，要从钱俶开始。钱俶，初名弘俶，钱镠孙，是五代十国时期吴越的最后一位国王。在北宋乾德四年（966），时称吴越王的钱俶做了一件事。据《衢州府志》记载，时年，钱俶在常山县西境的开源、崇化、金水、玉山、石门、龙山、云台七乡，置开化场。太平兴国六年（981），因常山县令郑安之请，开化场升为开化县。

从这里来看，场应是高于乡且低于县的一级行政机构，但查阅唐及五代的行政区划结构，县以下的设置为乡—里—村，北宋初年则是乡—里，无论唐、五代、宋，都没有场这一级组织机构。但在唐代，中央政府为了加强茶叶的生产和管理，因为茶叶贸易利润及税收收入可观，专门在全国各主要产茶区设置了官办茶场，谓之“榷茶”。到了宋代，也有相类似的部门。早在乾德二年（964），赵匡胤即位不久，宋代就开始榷东南茶，次年又榷河南茶，在蕲（今湖北蕲春南）、黄（今湖北黄冈）、舒（今安徽安庆）、庐（今安徽合肥）、寿（今安徽寿县）、光（今河南潢川）六州相继设立十三处买卖茶场，称“十三场”。茶场设官置吏，全国茶叶专卖和茶利收入由榷货务主掌。茶农专置户籍，称为园户，输茶折租；官府规定园户岁额，额茶和额茶以外余茶，必须全部按官价卖给官府，或与官府特许专卖的茶商交易，不得私卖。那么开化场的“场”是否和“十三场”的“场”是同一个意思呢？

宋代对茶叶生产和销售的管控十分重视，乾德四年吴越王钱俶在常山西境置开化场时，京城宋太祖增置三司推官，以京朝官充任，扩充机构。三司即盐铁、户部、度支三个部门。后唐长兴元年（930），始设三司（盐铁、户部、度支）使，总管国家财政。宋初沿旧制，三司总理财政，成为仅次于中书、枢密院的重要机构。宋时三司下各部设一员主管各案公事。其中，盐铁部下设茶案，负责茶税的征收。

太平兴国三年（978），也即钱俶纳土归宋那年，又因三司诸案中商税、胄、麴、末盐事务最为繁琐，宋太宗又分置各案推官或巡官掌管各案事务。

同年四月，陈洪进以漳、泉二州地归宋。同年五月，钱俶奉旨再次入汴梁，被扣留，不得已自献封疆于宋，纳土归宋。

吴越国从钱镠开始就以茶为贡品进奉中央朝廷，以茶为礼品交结四方小国，以茶为商品换取钱粮马匹，至钱俶对中原诸王朝贡奉之勤，更有一年四次进贡茶叶达85 000斤。在这样的背景下，单置开化场应当是为了茶叶之事。而这“场”也说明了开化在当时就已是官置茶场了，是宁绍平原上重要的产茶地。

羁押期间，钱俶写下了他唯一现存的一首诗——《宫中作》。巧合的是，这首表达内心情感，看破世事的诗，描绘到了茶。“廊庑周遭翠幕遮，禁林深处绝喧哗。界开日影怜窗纸，穿破苔痕恶笋芽。西第晚宜供露茗，小池寒欲结冰花。谢公未是深沉量，犹把输赢局上夸。”

《宫中作》是钱俶寄给杭州友人的信，虽然居住的环境翠幕遮日，非常优雅，但这里却是“禁林”，没有任何喧哗和人声。露茗，可能是用露水煮茶。园中池塘马上就要结冰，天气寒冷。整首诗充满了幽静和无奈，也有一丝看破红尘、超然物外的淡泊感。988年8月，钱俶六十大寿，宋太宗遣使祝贺，当夜钱俶暴毙南阳。据说，杭州有名的保俶塔就是当地的百姓自发建造以保佑钱俶平安归来。

开化置场是966年，宋朝榷茶是始于宋太祖乾德二年（964），也就是说，当时钱俶将开化置场，是在宋太祖榷茶制开始之后。应该是顺应形势，为其朝贡而用。这里可能会产生一个疑问，因为榷茶制而产生了“十三场”，那么开化场在后期的历史演变中是否属于这“十三场”范畴呢？

“十三场”，是否就是指13个山场？事实上，史学界对具体的山场数字是存在争议的。有十一场、十二场、十三场、十四场等诸多说法，以十三场最为可信。李焘《续资治通鉴长编》、脱脱《宋史》、马端临《文献通考》、沈括《梦溪笔谈》、王应麟《玉海》均一致肯定为十三场。特别是徐松辑《宋会要辑稿》提到“凡十三场皆课园户焙造输卖或折税”，“有场十三”。这说明十三场是规范的提法，也是山场体制成熟时的客观反映，这同样为皇帝诏书和官方文件大量证实。这些内容在《宋会要辑稿》食货部分随处可见[①]。

沈括《梦溪笔谈》卷十二云，“国朝六榷货务十三场都卖茶”，提到的十三场为：蕲州王祺场、石桥场、洗马场，黄州麻城场，庐州王同场，舒州太湖场、罗源场，寿州霍山场、麻步场、开顺场，光州光山场、商城场、子安场，总数十三个。

可见，十三山场主要集中的庐州、寿州、光州、舒州，都是如今的安徽地区，也是现在的绿茶金三角核心地区。而且，这里直接设置有一个“无为军榷货务”，茶区与集散中心的距离并不远，方便政府管理。这里，没有提到“开化场”，因为开化场属于两浙地区。到宋徽宗崇宁元年（1102）复榷东南茶时，茶场总共只有40处，在淮西路复置山场11处，基本上还是设在原十三场，说明旧山场对东南复榷有重要影响。同时，还在两浙路置29场，地域范围比原淮南路还要广阔得多。由此我们可以推断，当时两浙地区的山场应是异常发达的。显然，从唐代开始，开化就已经作为一个茶叶集中生产区存在于官府视野之中，这一点已经非常明晰了。彼时的开化茶，还属于商业交易之茶，尚未纳入贡茶体系。到了明朝，则一举成为贡茶。

太平兴国六年（981），开化场升级为开化县，属衢州。元代改州为路，开化县属衢州路。至正十九年（1359）改衢州路为龙游府，二十六年又改龙游府为衢州府。明清时期的开化茶，最大的改变是芽茶崛起。

明代崇祯年间的《衢州府志》中记有“茶芽二十斤黄绢袋袱”，下有小字，“西安等五县均办解”。“黄绢袋袱”，即用黄绢制成的袋子来包装茶叶，特指此茶是送于皇帝的贡茶。下面的这行小字表明，此茶由西安（即今衢江区）、开化、常山等衢州当时所辖的五个县所采办的。明沿元制，清承明制，开化当时属于衢州府，所以也在采办之列。

明代贡茶主要集中在福建，占到了总贡额的58%，而浙江则位居第二，占总贡额的13.5%。其中，浙江又以长兴和嵊县为主，其余各府贡额基本平均。开化所处的衢州府中记录有“衢州府龙龙等县20斤”，这里的“龙龙”

① 陶德臣，2006. 宋代十三山场六榷货务考述［J］. 中国茶叶（2）：40-41.

应是指“龙游”，而20斤的数字与《衢州府志》里的记录是一样的，并且要在67日内限期完成贡额。那么，这20斤里有多少是来自开化的呢？分别采办的5县数额是如何分配的呢？按照当时严州府的贡额18斤总数，被分配为建德5斤、淳安4斤、遂安3斤、寿昌3斤、桐庐2斤、分水1斤来看，开化的规模应当与淳安类似。这一点，在崇祯年间的记录里得到了验证。在清代《衢州府志》中记载，明崇祯四年（1631）有“土贡一：芽茶四斤”的字样。这短短7个字，为我们定格了开化茶作为皇家贡茶的可追溯、可明证、有清晰文字记载的时代，是1631年。

“土贡一：芽茶四斤”，涵盖了重要的两个信息：一是土贡，二是芽茶。这就不得不说到从唐宋到明朝的茶饮方式的转变和贡茶制度了。

明朝初年四方贡茶仍采用宋朝的形制，碾茶后揉茶，再压制入模具，做成团茶的模样。明太祖朱元璋有一次在民间访察民情，看到老百姓在费力地制作进贡皇宫的龙凤团茶，挥汗如雨、十分辛苦，有的团茶制作出来后有瑕疵，只能用新的原料重新制作，既费时又浪费了不少好料。出身贫寒的朱元璋大发恻隐之心，为了减轻百姓制作团茶的负担，洪武二十四年（1391）九月庚子，朱元璋下诏废团茶，改贡芽茶。这一改变在饮茶史上具有划时代意义，“唐煮宋点”变为以沸水冲泡叶茶的瀹饮法，开千古清饮之源。从这里，我们可以明确得出一个结论，那就是开化所贡的“芽茶四斤”，首先属于非紧压型散茶，其次鲜叶原料的细嫩程度，应当是茶之最初萌者，顶上之冠，如雀舌、鹰爪所描述的芽心或者对开二叶。

贡茶制度的改变，看似只是从团饼到芽茶的干茶外形的形状变化，但却引发了从茶叶采摘—加工技术—品饮方法—饮茶器具整体产业链的进化，明朝也因此成为我国制茶技术全面发展的时期。

根据明代许次纾《茶疏》记载：“一铛之内，仅容四两。”明代的四两，并不等于我们现在的200克。明代一斤为596.82克，自战国时起，一斤等于16两的衡制未变过，至1959年才改为一斤10两。所以，明代1斤等于16两，即596.82克。所以，四两相当于149.205克，也就是一锅只能炒出149.205克的干茶。《茶疏》里记载，“多取入铛，则手力不匀，久于铛中，过熟而香散矣”。所以，开化贡茶虽只有区区四斤，但却需要炒16锅方可成型。

开化茶，由于地处偏僻，且由衢州府统一上贡，所以目前可追溯到的身份明证就是"土贡"茶叶。这看起来，似乎是明代众多的贡茶行列中并不起眼的一个茶区。但在民间叙事中，开化乡民认为正是因为开化茶，才促使朱元璋做出了"罢造龙团，惟采芽茶以进"的重要产业政策。诚然，这样的因果联系带有地方文化的自信，但细细分析，也不无道理。开化芽茶的出色品质，应是促使明朝贡茶制度改革的一个重要诱因。

在"土贡一：芽茶四斤"的字样中，土贡，即"任土作贡"，指臣属或藩属无偿地向君主和中央进献土特产、珍宝等财物。土贡制始于夏代，但当时贡赋不分，到汉代土贡才从赋税中分离出来[①]。以茶为例，贡茶起源于西周，迄今3 000多年历史。但西周仅是贡茶的萌芽阶段，宫廷对贡茶饮品有具体记录与印证则始于晋代。茶叶得到朝廷的青睐而逐渐增加贡额，乃至设立官焙而成为一项岁有定额的经济制度，正式确立于唐代[②]。所以，贡茶兴于唐，盛于宋，延续至明清。

朱元璋改贡芽茶，在茶叶榷制方面也实行灵活多变的茶政措施。"凡中茶有引由，出茶地方有税，贮放有茶仓，巡茶有御史，分理有茶马司、茶课司，验茶有批验所"，茶政完备。其中，贡茶又可以分为地方府县进贡、太监进贡、土官进贡。《大明会典》之"礼部七十一"详细记载了弘治十三年（1500）朝廷规定地方府县需要交纳给礼部的芽茶，这些府县分布在南直隶、浙江、江西、湖广、福建诸地。另外，明人陈仁锡《皇明世法录》也记载了万历末年各地通过户部上交给供用库的贡茶数量，这些地方包括浙江、江西、福建、四川、广东、贵州诸地以及南直隶的安庆府、池州府、宁国府、太平府、苏州府、松江府、常州府、镇江府、庐州府、凤阳府、淮安府和扬州府等处。例如，浙江各府县需上交芽叶茶共12 452斤11两。

从明到清，芽茶依然是皇室最为推崇的上等茶品。据清代《开化县志》记载，清光绪二十四年（1898），名茶用黄绢袋袱旗号篓，专人专程抵京，

① 张仁玺，冯昌琳，2003. 明代土贡考略［J］. 学术论坛（3）：99-102.

② 柯全，2010. 贡茶：四明十二雷［J］. 文化交流（5）：30-33.

这是为了赶上一年一度的宫廷清明宴而钦定的急程茶。茶叶用黄色的绢绸包装，放入竹篓里，篓上插着旗，以示急件。开化茶虽深藏浙西山区，但由于品质优良，始终被列入贡茶名录。

第二节 遂绿时代

晚清时期，浙江全省分为四道，即杭嘉湖道，由杭州、嘉兴和湖州府组成；宁绍台道，由宁波、绍兴和台州府组成；金衢严道，由金华、衢州和严州府组成；温处道，由温州和处州组成。省会在杭州，乃全省最大城市，但商业重要性不及宁波。彼时对外开放通商口岸有两个，宁波和温州。前者于1842年开埠，后者则是在1877年开埠。在这些口岸中，通商的货物非常多元，包括茶叶、棉花、药材、绸缎、生丝、棉土布等各类产品，其中茶叶是大宗商品。

所谓徽茶与平水茶指北纬30° 至31° 之浙江、安徽两省之接壤交界地所产之茶叶。严格地讲，徽茶是在安徽境内徽州（歙县）所产的茶。那么，在这个巨大的茶叶出口量中，有无开化茶叶的身影呢？在由杭州海关译编的《近代浙江通商口岸经济社会概况》一书中，我们发现了有关开化茶出口的蛛丝马迹。

1877年的出口绿茶为14.5万担，其中有平水茶4万担、徽州茶9.5万担，余下之1万担来自浙西之严州、淳安、开化县以及开化县境内华埠镇。所有这些茶都是取道宁波而运往上海的[①]。

这里提到的淳安，是指淳安、遂安和开化，即浙西之三县也。该地区年产约1万担茶叶，由钱塘江往东至义桥后也如徽州茶一样运至宁波。这1万担中，淳安占半数，遂安、开化合计约5 000担。

1877年的茶叶出口比1876年的12万担增加了2.5万担，但比往年茶季装运得快捷。往年，运至上海的时间均为每年的3月或4月。1877年在运费涨价之前就全部运至上海了。所以，1877年的茶叶出口量有所增长。当年

① 中华人民共和国杭州海关译编，2002. 近代浙江通商口岸经济社会概况——浙海关 欧海关 杭州关贸易报告集成［M］. 杭州：浙江人民出版社.

出口的茶叶有绿茶、红茶和乌龙茶，乌龙茶只有1 500担，并不多。

据浙江关狄妥玛先生在1876年年报中提到，“制红茶在宁波乃系创举，而1875年江西九江河口那里曾有出口”。至1876年绍兴以南制成后运来宁波烘烤，1877年内宁波并未出口什么红茶，因1876年试制后成本过高无利可图而作罢矣。但是从浙西之开化和平水倒是烘烤后装箱出口过。

这里提到了“烘烤”字样，既有烘烤制绿茶的，也有烘烤制红茶的。“烘烤”的意思，应该是现代茶叶制作中的“烘干”干燥工艺。

徽州种植的茶叶全系制成绿茶，其烘烤场所主要在屯溪，屯溪的烘烤房不下80个，还有30个在享都（音）。徽州境内之烘烤房绝大多数由徽州人经营，但也有3处系由广东人创办。烘烤房内雇佣的工人都是清一色的当地人，并且都是烤茶能手。

开化地区的茶叶也是运往徽州的屯溪去制作，而后作为徽茶与徽州本地的茶一起运往各地进行销售。

烤房以淳安居多数，其次乃是开化也。淳安1877年内都是烤制绿茶，但开化那里在1877年只有两三家红茶烤行，其他的烤行均制绿茶。到后期发生了变化，绝大多数烤行都制红茶，制成的茶叶由筏子从淳安运到钱塘江后转装入小舟外运，开化茶也是用筏子转改小舟运往常山县。

这段文字详细记录了开化当地的茶叶加工情况，从绿茶加工到红茶制作，然后从宁波港运到上海。

自晚清至民国时期，开化所在的遂淳产区（分水茶）在浙江乃至全国茶叶出口中都占有一席之地。当时，茶叶产区已经出现了集收购、加工、运输为一体的茶栈。浙江的主要茶栈分为四个区域：平水区茶栈、温州区茶栈、遂淳区茶栈、杭湖区茶栈。遂淳地区的绿茶，在清末已出口。当时淳安的威坪镇是遂（安）、淳（安）、开（化）、歙（皖）四县的茶叶集散地，制成的珍眉茶，统称遂绿[①]。

其时，中国的出口茶叶主要产区集中在浙赣皖三省，其中赣皖产区以出口红茶为主，产区涵盖祁门、德兴和浮梁。浙江外销的绿茶以珠茶和眉

---

① 毛祖法，梁月荣，2006. 浙江茶叶［M］. 北京：中国农业科学技术出版社.

茶为主，产区主要集中在曹娥江流域和包括开化在内的新安江流域（其中还包括婺源、休宁、绩溪、歙县等皖赣地区）。

在一份关于茶叶产销的文献中，我们可以看到“遂淳绿茶区”的分布。“位于浙江西部，亦称浙西茶区，包括钱塘江上游之遂安、淳安、开化、建德以及天目山东区之昌化、於潜、孝丰与安吉等县，以遂安与淳安二县产量最多。本区茶叶，性状装潢，力仿安徽徽州（歙县）眉茶，惟质量均较徽茶为逊。遂淳毗连皖南之徽屯（屯溪），产品亦类似，因之我们茶叶界人士，每将遂淳绿茶区归入徽州绿茶区或屯溪绿茶区。”所以，当时开化所产的茶叶被称之为“遂绿”。

浙江省的制茶行业是随着出口的扩大而逐步形成和发展起来的。民国时期，随着茶叶消费的增长和商路的开辟，杭（州）、温（州）、遂（安）、淳（安）等茶区，都开设和发展了一批茶庄、茶号。其中，开化的万康元、郑康元就是这一时期较为有名的茶号。文中将开化茶归为第四区分水区，“浙茶种类按产区可分为四类：一，杭湖茶……四，分水茶，为分水、淳安、开化等县所产者”[①]。

俞海清所著的《浙江茶叶调查计划》一文中则将开化划在第四区，属金华道。“第四区……为开化、遂安、淳安等县……。”[②]

虽然在不同文献中，开化茶叶所属产区有所不同，但无论是遂淳区、分水区还是金华道，民国时期的主管部门就已经提出大力发展开化等地的茶叶，因为不仅“其地与安徽之徽州、江西之玉山等产茶名区相接壤，其土质气候，颇宜植茶”，而且“万山重叠，交通阻滞，其他事业，不甚相宜”。大力发展该地区的茶叶种植、生产和销售，不仅可以提振当时的出口贸易，更是关乎“国计民生”“平衡国际收支”，所以也被当时政府部门认为是“发展浙江茶之余地”。

写于1927年的《浙江之茶业》一文中对开化茶产业状况有更进一步的具体细致描述：“（浙江）茶之产地，其他旧衢州府属之开化江山……亦均有相当之产额”。“衢州府属如……开化县之东乡北乡诸山亦为产茶极盛

① 朱惠清，1936. 浙江之茶［J］. 浙江省建设（11）.

② 俞海清，1930. 浙江茶叶调查计划［J］. 浙江省建设月刊（5）：22.

之地。”

这一时期，浙江出口之绿茶多集合于上海第一茶市。据上海商业储蓄银行调查部1930年出版的《上海茶及茶业》中显示，通过上海茶市出口或转运的茶叶，大体分为箱茶和毛茶两类。其中，箱茶主要有徽州茶、祁门茶、平水茶、玉山华埠茶、德兴茶、两湖茶诸品。其中，将彼此毗邻的江西上饶市玉山县和开化县华埠镇的茶，写在一起，合称为“玉山华埠茶”，可见当时就包含了开化茶。

1939年，在开化登记的茶厂有9家，其中有2家的资本额在1万元以上，7家的资本额在5 000元以下。这9家茶厂都属于商营性质，非合作社制茶厂。当时的开化茶厂并不在县城的城关中心，而是在华埠镇。开化茶厂原本只有总厂和白渡分厂两处，后来为了解决毛茶的收购和加工问题，又新建了另外两个分厂。

开化茶厂当时的全称是中国茶叶总公司浙江分公司开化茶厂，其生产的茶叶由中国茶叶总公司浙江分公司统购统销。由此可见，当时开化茶厂所生产的茶叶大多为外销茶，其所用的箱板、铅罐和铅条，由浙江分公司提供。这一时期开化茶叶的品目，其类至繁，就普通产地而言，有高山茶、平地园茶之别，高山茶比平地园茶品质更佳。

虽然战火连连，但开化一直没有中断茶叶生产。民国三十年（1941），开化县还曾从温州购进旧式制茶机两台，当年开化县有制茶厂三四家，出厂箱茶759.95市担，价值达53 264.89元，主要有毛峰、雨前、雀舌、珍眉等品种[①]。民国三十一年（1942），中茶浙江省分公司要求各区收购样茶，其中开化属遂淳区，有抽珍、珍眉、特针、特贡、针眉、贡熙等。可见当时开化所在的遂淳区茶叶对国民经济的作用是非常大的。1949年5月4日，开化县解放，归属衢州专区，开化茶叶快速恢复了生产。1955年，衢州专区撤销，开化县属建德专区。1958年12月，建德专区撤销，开化县改属金华专区。1985年5月，撤销金华专区分置金华市，衢州两省辖市，开化县属衢州市至今。

---

① 童献南，郑民荣. 1988. 开化林业志［M］. 杭州：浙江人民出版社.

第三节 开化龙顶

在开化县西北部的大山里藏着一个小镇，齐溪镇。它北靠安徽黄山，东邻千岛湖，这里是钱塘江发源地，素有“钱塘江源头第一镇”之称，是浙江的西大门。齐溪拥有两张金名片，一是“钱塘江源头”，二是“开化龙顶茶”。所以，齐溪与现代开化茶业的创新有关。

齐溪之所以命名为此，皆因境内左溪、桃林溪、龙门溪汇合流入马金溪之故。而马金溪是钱塘江的源头，故齐溪镇便是钱塘江之源了。作为“钱塘江源头第一镇”，齐溪也是开化龙顶茶的发源地。这里九山半水半分田，森林覆盖率达91.3%，是浙江省生态功能重点保护区。由于齐溪的自然条件优越，这里所产的茶也被赋予了贡茶的出身。而关于龙顶茶的起源，在我们进行田野调查时，则搜集到了不同版本，有神话传说，亦有历史现实。这些故事里有一个基本的想象出发点，就是大龙山和山顶上的龙潭。

开化龙顶茶始产于海拔800米的“龙顶潭”周围。据传原潭中无水，有一年江西三清山的佛祖云游到此，见潭四周古木参天，烟云漫空，便搭起石屋定居潭边，动手清潭。忽一日黄昏，铁锄触到潭底硬物直冒火花，挖掉浮土，见一青石形如磨盘，用锄松动青石，有水四溢，并听到隆隆水声由远而近，突然间一声巨响，千斤大石变成碎片，被潭中喷出的水柱冲出九霄云外。随即飞出一条青龙停在潭上空观望许久，然后绕潭三周并向佛祖频频点头，以示谢意，便仰首向东海飞去。

从此涸潭常年泉涌不绝，大旱不涸，浇山下良田，润周围山林，此潭便叫“龙顶潭”。开山佛祖沿潭周围栽满茶树，山上嫩草、林中肥土，年年添铺茶园，加之溪涧湿度大，山谷日照短，晴时早晚遍地雾，阴雨成天满山云，茶树沉浸在云蒸霞蔚之中，满山香花熏染，造就了龙顶茶的佳茗风格。

1988年4月15日，在浙江省技术监督局的主持下，组成专家委员会，在开化县审定通过了《开化龙顶茶浙江省地方标准》，这个标准包括茶树苗木、茶树栽培、制茶工艺和成品茶4个部分，这是浙江省名茶中制定的第一个系列标准[①]。开化虽然在浙西山区，但是在农业标准的制定上，却领先全省。

在开化龙顶茶的创制历史中，有一个关键时期：1978—1981年，这是开化龙顶茶作为现代名茶，从县志古籍稿中的文字记载转变成现实茶品的重要历史时期，而关键性人物是周光霖及其研发团队。周光霖，1961年浙大毕业后回到开化，分配到农业局。他听当地的老人们说，齐溪乡的茶叶很好，就种在海拔800多米高的大龙山。山上有一个龙顶潭，一年四季水不断，在潭边有很多以前种下的茶叶。

1978年，浙江省里提出要求各个县开发创新挖掘，把以前的历史名茶挖掘出来。于是，他们翻看了县志，看到县志上记载着早在1631年，开化茶就已经是贡茶，有“土贡一：芽茶四斤”的字样。而且，西北乡的茶叶品质最佳。1979年4月18日，县林业局、土产公司、茶厂等单位，开始了名茶的研发工作，他与杨绍震、应锡铨等十多人就出发去了齐溪大龙山。

在大龙山上住了半个月，我们耗尽了100只蜡烛，总共炒出了约5千克的新茶。这些新茶，就是开化名茶研发过程中的第一批成品，也是第一批“开化龙顶”。但是，只在浙江名茶品鉴会上被评为“二类茶”。当时，专家评委说我们采摘的茶叶太大了，采的都是一芽二三叶，芽头很大。别人送去参评的名茶都是一芽一叶。这是因为我们当时招募的采茶工，都是按大宗茶标准采摘的，习惯上很难改。第二年，我们再度上山做茶，规定了采摘标准必须是一芽一叶，芽叶完整，大小均匀，不带鱼叶，不带茶果和病虫害叶。并且把加工地点放到了村里，便于加工炒制。

经过反复试制，终于确定开化龙顶茶的加工工艺流程为：摊青—杀青—轻揉—初烘—初理—复理（提香）—足烘七道工艺。同时，充分重视名茶的外形和内质。同年5月，在浙江省第三次名茶评比会上，参评茶样73只，开化龙顶茶列一类第六名。从此以后，开化龙顶茶正式投入生产。严把采摘关，以一芽一叶为主，芽大于叶，重视加工中的各个环节，名茶质量明显提高。

① 茶令，1998. 开化龙顶系列标准通过省级审定［J］. 茶叶（2）：84.

在历经几代人的努力后，开化龙顶茶已经成为开化，乃至整个浙西地区的代表性名茶。开化龙顶茶，以其单芽特征，注水冲泡后会形成根根站立的奇特景观，在诸多绿茶中被誉之为“杯中森林”。开化龙顶茶的芽茶制作技艺已入选浙江省非物质文化遗产，这也是全国第一支针形绿茶列入非遗名录。

现代的开化茶业，主要产茶乡镇是苏庄镇。1950年设苏庄乡，1958年建公社，1983年改乡，1987年更名毛坦镇，1992年又改苏庄镇。曾名苏川、书川，村以川名，川以苏氏始居称，雅称书川。苏庄镇位于开化县的西部边境，距县城43公里，东接长虹乡，南接张湾乡和杨林镇，西连江西省德兴市新岗山镇，北连江西省婺源县的江湾镇，是开化县边界贸易区、革命老区、民间艺术展示区、龙顶名茶主产区和国家级自然保护区。

在空间地理位置上，苏庄是开化通往婺源（古徽州）的必经之路，是徽开古道的必经地。苏庄历史悠久，唐乾符年间（874—879），殿前指挥使汪道兴镇守马金，五代梁初（907—912）移镇云台（今苏庄镇富户），为苏庄汪氏始迁祖。在与历史人物的关联性上，苏庄与朱元璋的关联最为紧密。所以，苏庄大地上到处流传着朱元璋的诸多故事，其中就有其为“苏庄云雾茶”命名的传说。

古田山是屯兵休整的理想山寨，苏庄广野肥沃，稻香鱼肥，水草充足。朱元璋的部队驻扎后，士兵能吃上红米饭，喝上蕨菜汤，不时还从河中捕来鱼虾，从山中采来香菇、木耳佐餐，众将士黄瘦的脸庞渐渐显出了红润。朱元璋为强化部队训练，把溪旁一块天然大岩石平台作为点将台，每日同军师在点将台上指挥红巾军排阵布局，操练兵马，喊杀声震荡了山谷。这块点将台，我们在当地考察时，本地人曾带我们去寻访过。不过，石已不见，毫无踪迹。

转眼清明已至，一日黎明，朱元璋登上了古田山岗晨练，先耍了一套拳脚，活动活动筋骨，而后又舞起剑来。正想停下换口气，忽见山下一群姑娘欢欣雀跃地上山而来，她们肩背竹筐，口唱山歌，爬上山后，个个脸蛋红扑扑的，纯朴天真，非常可爱。朱元璋收剑入鞘，亲切地与她们交谈起来，知是来采春茶的。说着，采茶女便进入茶园，娴熟地采起茶来，双双巧手在茶丛上，似蜻蜓点水般上下不停地欢舞翻飞。左手摘来右手采，又像双双蝴蝶舞蹁跹。采茶女有模有样的采茶动作，朱元璋越看越有趣，情不自禁地学着采起茶来。见他那笨拙的模样，姑娘们发出了阵阵哄笑，朱元璋也笑了起来。

不知何时，军师刘基也遛上了山，他手捧着一把春茶说此茶与众不同，叶面布满针尖般的小孔，给朱元璋看。正好一老汉送饭上山，听见议论，即兴介绍说，"古田山环境独特，冬暖夏凉，气候适宜，春茶吐芽，云蒸雾润，细雨蒙蒙，叶面变化，片有微孔，即为优茶，喝此茶不仅可延年益寿，还能防病疗疾呢！"听罢茶农一番讲解，两人又向老汉请教了当地民风民俗，越聊越亲热，见红巾军将领如此平易近人，老汉恳请他们晚上去家中做客。

当夜，朱元璋盛情难却，与军师数人去了老汉家。走到屋前，清香扑鼻，原来老汉家正在炒制绿茶，见贵客临门，喜笑颜开，不等大家坐稳，便有滋有味谈起当地的"炒茶经"，说绿茶要通过杀青、揉、带、挤、甩、挺、拓、扣、抓等多道工序，炒制好的干茶形美翠绿，匀称成条，香味浓厚。他女儿忙端出本地龙坦民窑烧制的瓷杯，放入绿茶，注入开水，请客人品尝。大家先后捧起杯，打开一看，汤清色新，闻一闻，心清气爽，呷一口，心旷神怡，都感到此茶果真好喝，确是茶中极品。众人边品边评，不仅茶叶好，水质也好。小姑娘忙抢着说："古田山泉，汁如甘露，清澈甘洌，是方圆百里难得的好水。"朱元璋觉得此茶越喝越有味，赞美地吟道："茶是苏庄绿，水是古田甜！"并问老汉这绿茶如何称呼？老汉答道，"名唤苏庄绿茶"。朱元璋接着说："苏庄绿茶，产于云雾缭绕之高山，吸取天地之瑞气，就称'云雾茶'吧！"

据说朱元璋当上明朝开国皇帝后，想起当年在古田山喝过的云雾茶，余香犹存，便命金华府调集云雾茶到京都。从此，云雾茶成为朝廷贡品。朱元璋率部队从古田山开拔前，亲手在古田山茶湾种下18株茶树，长大后被当地茶农奉为"茶树王"。凡来看茶树王的山民，都想带几颗茶籽去种植。春来冬去，年复一年，这里成了远近闻名的茶叶之乡。如今的苏庄，依旧是开化县重要的茶叶集中产区，与马金、池淮等乡镇共同构成开化的现代茶叶生产地。

2016年，全镇茶叶产量近140吨，总产值5 300多万元，茶园面积保持在10 000多亩，亩产值可达5 000多元。

苏庄镇茶业生产情况统计表

年份	春茶开采时间	产量（吨）	产值（万元）
2013	—	120.5	3 680
2014	—	130	4 000
2015	3月1日	150	6 000
2016	3月1日	139.5	5 000
2017	2月25日	—	—

从20世纪70年代开始，苏庄山上的一些老茶树开始荒废，部分茶树被移植到田里，开始规模化发展。现在，除木材外，茶叶已经逐渐成为当地主要的经济作物，占到农业收入的30%。从20世纪90年代初开始进行茶树品种的更新迭代，从原来的老品种鸠坑种换成了福鼎品种。同时，开始引进茶叶加工机器，并转向单芽茶的制作。生产的茶品除了开化龙顶和少量红茶外，也有进行手工龙井茶的制作。

2019年的春天，当我们重返苏庄时，获得了最新的茶园普查统计数据。有意思的是，根据2019年的最新数据显示，开化全县茶园面积万亩以上乡镇仍只有一个，那就是苏庄镇。苏庄镇茶园面积共有1.1万余亩，占全县茶园总面积的1/6。辖11个行政村均有茶园基地，其中茶园面积500亩以上的村有4个，富户村茶园面积达到2 603亩，毛坦村也有2 000亩。在其他乡镇的茶园面积开始有所下降时，苏庄依旧保持在万亩以上，成为重要的县域产茶地。而苏庄的茶，也自然成为当地的好茶，成为开化县的地方代表茶区。

除齐溪、枣庄两处产茶乡镇外，开化茶业中还有一个重要的地方——金村。

元代一代印学宗师吾丘衍（1272—1311）曾在他的《陈渭叟赠新茶》中，对开化上品的芽茶有一番赞美："新茶细细黄金色，葛木仙人赠所知。正是初春无可侣，东风杨柳未成丝。"开化茶品质之好，古已有名。据崇祯四年（1631）《开化县志》记载，"茶出金村者，品不在天池下"，便强调了开化茶的品质。

天池名茶有二，分别出自姑苏天池山和庐山天池寺，与虎丘、松萝、龙井等齐名，是明清时备受青睐的佳茗。明顾起元《客座赘语》记载天下名茶有"吴门之虎丘，天池岕之庙后、明月峡，宜兴之青叶、雀舌、蜂翅，越之龙井、顾渚、日铸、天台，六安之先春，松萝之上方、秋露白，闽之武夷、宝庆之贡茶，岁不乏至"。[①]说明六安茶是天下名茶之一。明许次纾《茶疏》载："天下名山，必产灵草。江南地暖，故独宜茶。大江以北，则称六安。"[②]明万历时曾任颍上县知县的屠隆在《考槃余事》之"茶品"中将"虎丘""天池""阳羡""六安""龙井""天目"列为全国六大佳品，将六安茶列"龙井""天目"之上，实为"品亦精，入药最效，但不善炒，不能发香，而味苦，茶之本性实佳"，所以被评为第四。明万历时太监刘若愚记明宫中的"饮食好尚"，曰："茶则六安、松萝、天池、绍兴茶、径山茶、虎丘茶也。"

"茶出金村者，品不在天池下"，意思是金村所产的茶，品质比天池名茶还要上乘。"金村者"，是现在的金村乡（2013年已并入华埠镇），位于开化县城东北面9公里处，东靠林山乡，西南与城关镇接壤，西北与音坑乡毗邻，乡政府驻地在金村村。金村乡有11个行政村，区域范围总面积45.5平方公里，以林地为主，耕地和水田较少，农村经济发展以经济林、名茶、蚕桑、绿化苗木、高山蔬菜、山地西瓜等特色产业为主，2004年乡政府提出创建"名茶之乡"战略。虽然旧志中记载了金村的茶品质优良，不过在现代茶业体系的发展下，茶叶生产已从东部向西部转移。据民国三十八年（1949）《开化县志稿》记载："茶四乡多产之，西北乡产者佳，其在谷雨以前采摘者曰雨前，俗名白毛尖。"如今的金村村茶叶，多是农民散户种植，

---

① （明）顾起元，1987. 客座赘语［M］. 北京：中华书局.

② 胡山源，1985. 古今茶事［M］. 上海：上海书店.

自种自采。全村有茶园350亩，每亩产干茶20千克，50%的农户有茶园，他们通过自己承包的茶园出售茶青或帮茶叶大户采摘茶叶，茶叶收入约占到农户农业收入的一半以上。还有749亩耕地，茶园与耕地之比约为2∶1，全村有1 326人，375户人家。姓氏较杂，移民较多。这里有一个风俗，正月初八添丁节，今年有男丁出生的家庭会摆酒席，并舞龙，村里有几个新生男丁就有几条舞龙，同村人则赴宴包红包给新生儿。外出人口主要流向开化县城，种田人比较少，约80户。喝茶者多为老人，而茶农多为零散户，通过流转承包茶园形成一定规模，每个人手里有五六十亩茶园，以合作社的模式自己种植管理和加工销售。由于土种茶老化，产量低，出芽晚，近年来引进了迎霜、龙井43、福鼎等新的茶树品种。加工产品有绿茶、白茶、红茶等，白茶产量低但价格稍高，每斤700～800元，绿茶则每斤约600元。小农户采鲜叶，以每斤30～60元的价格卖给当地加工厂[①]。

在金村采访时，一位老茶农徐师傅为我们讲述了他的茶叶种植生产情况。徐师傅做茶近30年，有30多亩土种茶茶园，30多亩福鼎种茶园，田里也有8亩茶园。每年春茶采茶需要150多人，可以生产800多斤茶青，算上夏秋茶总共1 000多斤，一年毛利40多万元。茶叶是他的主要经济支柱。

金村的茶叶在历史上有名，而现在的金村更想把它的内涵扩大，将“金村”作为一个优质农业的代表名号。高山西瓜、清水龙虾、四季花海，尤其是现在的金村水产养殖，由于水多、河多，水产养殖发展较好。在村里，我们看到了一汪汪的池塘很多都被承包养殖。所以，村民收入中，水产养殖的占比也越来越大。2016年9月21日，“开化金村”商标被国家工商行政管理总局商标局核准注册。从“金村茶”到“开化金村”，可以看到现代农业的发展路径，从一个历史文化资源入手，集中优势资源拓展到相关产业，是乡村振兴与历史文化结合的有效方法。

---

① 上述信息来自对金村村会计宋主任的实地采访，采访时间：2019年6月28日。

第六篇
常山篇

“谁携茗具来，掬泉散浮沤。茶烟袅孤细，微有白云逗。”

——《龙山》五首

常山县，隶属于浙江省衢州市，位于浙江省金衢盆地西部、钱塘江上游，地理坐标介于东经118°41′51″—118°56′50″、北纬28°49′47″—29°11′49″之间，分别与柯城区、衢江区、江山市、开化县、杭州市淳安县、江西省上饶市玉山县接壤，素有“四省通衢，两浙首站”之称。全县总面积1 099平方公里，下辖3街道6镇5乡，180个行政村，10个社区，人口34.4万人。

常山建县时间在衢州县市中排名第二，居龙游之后，江山、开化之前，始于东汉建安二十三年（218），始称定阳，迄今1 800多年[①]。唐咸亨五年（674），分信安置常山县，属婺州。以县治南有常山（又名长山，即今湖山）命名，以常山县为名自此始。唐证圣年间，分须江、常山，置玉山县。乾元元年，常山、玉山二县属信州。1958年，常山县属衢州。此常、玉二县分隶衢、信之始。可见，江西玉山曾属常山，而玉山和常山、衢州之间的地域关系紧密，均是重要的茶叶产区。

① 王有军，2020. 常山宋前人物知多少［N］. 今日常山，11-05.

常山县治图[①]

第一节　常玉古道

之所以要重点记述常玉古道，并不仅仅因为它是一条古代交通要道，更重要的是，它是绿茶金三角地带重要的茶叶运输道路，也是中国茶叶被英国人带到印度等国的重要见证者。

1275年，意大利人马可·波罗（1254—1324）历经千辛万苦终于到达了元朝首都。马可·波罗，1254年出生于威尼斯一个商人家庭。他的父亲尼科洛和叔叔马泰奥都是威尼斯商人，来到东方经商，到达元大都并朝见过蒙古帝国的忽必烈大汗，还带回了大汗给罗马教皇的信。他们回家后，小马可·波罗天天缠着他们讲东方旅行的故事，对中国充满了浓厚的兴趣。17岁时，马可·波罗跟随父亲和叔叔前往中国，他们从威尼斯进入地中海，然后横渡黑海，经过两河流域来到中东古城巴格达，从这里到波斯湾的出

① （清）林应翔等修，叶秉敬等纂，1983. 浙江省衢州府志［M］. 台湾：成文出版社.

海口霍尔木兹，再乘船直驶中国。前后历时约4年，于1275年到达元朝的首都。他在中国游历了17年，访问了当时中国的许多古城，到过西南部的云南和东南地区[①]。从已出版的《马可·波罗游记》中，我们发现了一段关于他曾经经过衢州的旅行文字记录。

从记录中，我们可以描绘出他的旅行路线图：从太平府出发，经过婺州，再到衢州，然后过常山，再到福州。

太平府，应为太平路。元代设置太平路，后朱元璋改为太平府。位于长江下游南岸，辖区大致相当于今日安徽省的马鞍山市及芜湖市辖境。太平府在明代属于南直隶，清代属于安徽省。太平府下辖3个县：当涂县（首县）、芜湖县、繁昌县。清代，苏皖分省后，太平府与安徽省的宁国府、池州府及江苏省江宁府相邻，与安徽省庐州府及和州直隶州隔长江相望。1912年，撤废太平府。所以，马可·波罗应是从安徽出发。

元代开始，中国出现一种新的行政区划制度，其最高一级的行政区划单位为行省（简称为省），因此称为行省制时期，该时期从13世纪后期至20世纪初，历经元、明、清三代。元代中叶，将全国分为中书省直辖区、宣政院辖地，以及10个行中书省。省下有路、州（府）、县，路归省管。

婺州，是金华的古称。元至元十三年（1276）改为婺州路，至正十八年（1358）朱元璋攻取婺州路，改名宁越府，至正二十年（1360）改为金华府。明成化八年（1472）析遂昌、金华、兰溪、龙游县部分地置汤溪县。金华府领金华、兰溪、东阳、义乌、永康、武义、浦江、汤溪八县，故有“八婺”之称。

经过婺州，到达衢州城。这里的居民，以商业和农业为生，人烟稠密，城市发达。马可·波罗没有直接进入衢州城，而是走水路去往常山。经过常山江后，河流分成南北两支，而后去往福州。

这是衢州古城在外国游记中的初次出现，而后随着一些外国传教士、使团的活跃，更多的游记性记载开始出现。其中，最著名的就是马戛尔尼

---

① 回到威尼斯之后，马可·波罗在一次威尼斯和热那亚之间的海战中被俘，在监狱里口述旅行经历，由鲁斯蒂谦（Rustichello da Pisa）写出《马可·波罗游记》（Il Milione）。但其到底有没有来过中国，却还存在争议。

使团。他们不仅出使周游了中国，而且还从中国带走了珍贵的茶树树种，从而开启了中国茶树域外移植的重要历史。

马戛尔尼使团，是到达中国的第一个英国外交使团，也是中英外交史上的重大事件。乾隆五十八年（1793），英国政府想通过与清王朝最高当局谈判，开拓中国市场，并同时搜集情报，于是派乔治·马戛尔尼等人访问中国。马戛尔尼并不是第一个出使中国的人，乾隆五十二年（1787）英国国王应东印度公司的请求，就派遣凯思·卡特为使臣，前往中国交涉通商事务。但使臣在中途病死，没有顺利到达中国。

马戛尔尼使团于1792年9月26日从英国本土的朴次茅斯港出发，沿欧洲、非洲海岸南下，经过南非好望角进入印度洋，再经马六甲海峡进入南中国海。然后，沿中国大陆海岸线北上，一直到1793年7月1日才在舟山登陆。但是，由于两国之间政治、文化、经济上的差异，此次外交谈判以失败告终。

马戛尔尼出使中国，不仅是为了商业贸易谈判，还包含收集各类中国情报和信息。所以在他的使团成员构成中，多是各领域的专家，包括传教士、哲学家、医生、机械专家、画家、制图家、航海家，以及植物学家。而在他随后出版的《马戛尔尼使团使华观感》中，记录了他周游中国的所见所闻，散落着不少关于茶的描述[①]。

外交谈判失败后，马戛尔尼开始沿路从北到南周游中国，收集信息和各类新奇植物品种。从钱塘江坐船经水路航行7天，到达衢州城。从他的文字记载中，可以看到在这段七天的旅程中，衢州是唯一出现的一个城市，柑橘、香橼和柠檬树大量散布在江边。随后，使团一行人走常玉古道，去往江西境内。到达常山县后，弃舟走陆路，穿过一条峡谷。沿途还有梯田，充分展示了衢州人在山地种植开垦的智慧。

这段峡谷大约有38 624米，穿过峡谷就到达了玉山县。进入江西地界后，开始有了茶的记录。

从河边到森林，山坡上生长着灌木林，其中最普通的灌木类似茶

① （英）乔治·马戛尔尼，约翰·巴罗，2017. 马戛尔尼使团使华观感［M］. 北京：商务印书馆.

树，因此中国人称之为茶花，即茶树的花。它是图恩伯格（Thunberg）的Camellia Sesanqua，但他们给它取了个与林奈的Camillia Japonica相同的名字（没有做出很好的区别）。前者的果仁像栗子，尽管略小些，但可用它榨出极好的油，与欧洲佛罗伦萨油的用法相同。

12月6日傍晚，我们在赣州府城前停留，除大量的漆树外，我不知道还有什么特殊的品种，我估计其实是在其境内种植。旅途中我们已采摘了两种茶树，由我们自己的园艺师从地上挑选并栽在盆里，生长良好。我们准备到达广州后一有机会就把它送往孟加拉。

在这段关键性的描述中，他提到了旅途中采摘了两种茶树，并准备运往孟加拉，这开启了印度茶叶的发展历史。比起1849年罗伯特·福均进入中国茶乡偷盗中国茶苗的时间，还要早56年。这里，我们完全可以做出一个大胆的推测，他采摘的这两种茶树可能是在常玉古道上行走时获得的。

这次的出使不仅对马戛尔尼是全新的中国体验，也让随团成员都兴奋异常。同期出行的斯当东，也出版了一本《英使谒见乾隆纪实》。从他的角度记录了这同一趟旅程，为马戛尔尼的描述进行了补充。事实上，他们在进入杭州府前，已经在山东等省搜集到了不少植物标本，其中，就包含有山茶。1793年11月9日，进入杭州府后，开启了浙江地界内的游历[①]。在从严州府到衢州府的记录中，他的文字里开始出现了茶。

我们第一次看到，种的有茶树。这里茶树种得很不整齐，看上去好似普通的灌木。在中国，正式的茶园是种得相当整齐的。茶树必须成行地种植，每行间隔四呎[②]左右，地上不能有一点杂草。平地和湿地只能种稻子，不能种茶树。茶树多半种在山地上，福建省尤其如此。为了便于采摘茶叶，必须不让它笔直往上长。

使节团在常山上岸，走一段旱路，然后再搭船从那条河走。从北京到广州的旱路穿过旧日首都南京。使节团为了尽量少走旱路，多走水路，因此不经过南京，改到杭州。

船只航行到常山镇后，由于江水太浅，无法继续航行。一行人下了船，

① （英）斯当东，2014. 英使谒见乾隆纪实［M］. 北京：群言出版社.
② 呎，英尺，1英尺 = 0.3米。——编者注

浩浩荡荡地走起了山路。因为没有足够的马匹供这一大队人来乘骑和驮运东西，所以准备大批椅子绑在竹杆上，让人来抬。

这段路非常窄，但非常平滑，不能走轮子车。道路之南有一些很陡的圆锥形山，上面生满野草和灌木。这些山从顶至底非常一律，非常有规则，好像是人工有意制造成的，山是蓝色的粗花岗石灰岩。山后有许多石坑，挖出来的石头白色发亮非常好看。这种石头包含最纯的石英，中国人用来制造瓷器。

在这段文字里提到“蓝色的粗花岗石灰岩”，这种石头里包含着石英，可以用来制作瓷器。根据考古发现，常山球川镇（原龙绕乡）的黄泥畈村，就有一处“李家岗古窑址”，是县文保单位，宋代的龙窑，就曾发现过有蓝中泛紫的乳浊釉。生产的产品以碗、罐、碟为主，烧制方法为垫圈间隔叠烧法与支柱撑烧法。据专家考证，黄泥畈的古窑址出土的瓷片与我国宋代古墓中出土的产品基本相同，可见该村的陶瓷文明源远流长。

斯当东还记录了当时使节团在江西和广东所搜集到的植物标本，其中就有茶。

马戛尔尼使团经过衢州后的第46年，即1849年9月，又一个英国人来到了衢州。这就是在中国茶叶发展史上最具争议的罗伯特·福均[①]。在莎拉·罗斯的《植物猎人的茶盗之旅》一书中，她直接称他为“茶叶偷盗者”“植物猎人”，因为他的行为直接扭转了中英的茶叶贸易，开辟了印度产区，改变了世界茶叶生产格局。

1849年9月，一个晴好的下午，英国人罗伯特·福均搭乘一艘中国船，开始了他的第二次中国茶乡之旅。这次，他的足迹到达上海、浙江、安徽、福建，还有衢州、严州等浙西地区。

他乘坐船只，从上海出发，向西南方向进发，目标是杭州府。这里被称为是“中国的花园”，“坐落在中华大地最富庶的地区，是这一地区中最大最繁华的城市之一”。清朝政府在杭州设有一所海关，对外国的进出口货物课以关税，所以杭州也是重要的经济贸易重镇。从西部、南部和北部而

① 罗伯特·福特尼（Robert Fortune），又译作罗伯特·福均或罗伯特·福琼，英国园艺家，曾潜入中国偷取茶苗。

来的山货特产，都会经水路或陆路运往杭州，再送往上海。

英国与东方国家的贸易，是仰赖植物产品带来的大笔收益，因此植物研究者的地位跟着水涨船高。原本只被视为园丁者，终于名正言顺恢复“植物学家”的身份。十九世纪中期，植物学家不再是头戴帽子、脚蹬钉鞋，只管照料球茎、花朵与灌木的乡巴佬，而是改变世界的勇者。他们采集的外国植物，可能在英国本土及整个大英帝国发挥科学、经济与农业价值。随着活体植物移植技术日臻成熟，职业植物猎人可采集与运送的异国植物标本也日益增多。现在，英人活动范围不再局限于中国最南岸，而是深入产茶与制茶区。若想在印度制茶，英国必须取得顶级茶树的健康标本、数以千计的种子，及中国知名茶厂流传数千年的知识。这项任务得交给植物猎人、园艺家、窃贼、间谍。英国需要的人，名为罗伯特·福均[①]。

受东印度公司的委托，罗伯特·福均奉命从中国采购茶苗，并运送到喜马拉雅山麓进行栽培种植。他两度进入中国，第一次运送的茶苗全部没有种植成功。1849年，他再度搭乘一艘中国船，开始了他的第二次中国茶乡之旅。这次，他从上海出发，经过杭州，途径严州、衢州。

6月1日天亮后不久，前方出现了两座宝塔，这通常意味着我们快要到某个大地方了。那就是衢州府，我们这时离它只有三四英里远了。等到离城更近一些，橘子树越来越普遍。茶树也种了许多，但茶叶品质并不算第一流。花生和豆子种得也多，这两种植物都喜欢轻质砂土。平地里有很多小山丘，这些小山丘的土壤通常都很贫瘠，为砖红色的石灰质砂岩，中国人没怎么去开垦它们[②]。

罗伯特·福均眼里的衢州，算是一个大城市，有橘树也有茶树，但是他没有从衢州采购茶苗，而是转道去了常山。

罗伯特·福均此番进入中国，是受东印度公司的委托，意欲到中国来寻找茶树的种子。他走遍了安徽、江西、浙江、福建等有关的茶叶产区。根据他其后的路线推测，他经过衢州府后就去了常山。《两访中国茶乡》一书中，虽然没有记录他在衢州境内与茶相关的活动，不过他选择走的这条

① 莎拉·罗斯，2014. 植物猎人的茶盗之旅［M］. 台湾：麦田出版社.

② （英）福均，2015. 两访中国茶乡［M］. 南京：江苏人民出版社.

路线也是沿着马戛尔尼使团的路线，走的常玉古道。

福均是一个植物园艺师，对各类植物都有学术敏感性。除了茶，他还收集了中国大量名贵的花草树木。而与茶相比，衢州的柑橘更引起他的关注。

上述三位英国人，马戛尔尼、斯当东、罗伯特·福均都走了相同的路线，从杭州到衢州，再到常山，再转陆路。与前述两位的广泛搜罗不同植物品种的目的不同的是，福均的目的就是中国茶树。所以，这条常玉古道是他的必经之途，而中国茶树的外移史，也从此开始。

关于外交使团采摘中国茶树的历史，学者方龙龙曾撰写《常山，印度茶的故乡》一文。根据马戛尔尼及英国使团成员日志记录和法国学者阿兰·佩雷菲特研究成果、衢州"常玉古道"在中国（浙江）古代水陆交通网中的地位、清政府对使团的接待规格（礼制）和实地考察、寻访调查、场景比对后，得出一个结论：常山是印度茶的故乡。并初步认定马戛尔尼一行"挖"去茶树之地最大可能当为常山县西出今白石镇区境内曹会关至草萍驿附近，或延伸至与之毗邻的江西省玉山县今岩瑞镇古城岗一带[①]。

大副爱尼斯·安德逊在他所著的《英国人眼中的大清王朝》中，更具体翔实地描述了登陆地的场景和这一天陆行的经历：

（20日）午餐后整个船队在一个大市镇的对面抛下了锚。这里美丽而又非常显眼的风景是我从未见过的。这条江当然是风景的中心，江的一边是具有种种色彩的市镇，前面是军营；……江的另一边是一片高大直立的大山。21日，礼拜四。今天一早，大使和他的全体随行人员离船登陆。依各人所好，分别坐上大小轿子、竹轿或骑上马……这马队行一短程，即进入一个相当宽广而具有极大郊区的大城市，市名"张水扬"。它是位于两山之间的一个山谷里，城市离江约四分之一英里。在群山之间的一个山顶上竖立着一个甚为古老的宝塔，塔顶是平的……。在经过城门时，进城和出城，大使都受到炮兵礼炮致敬。街道很窄，排满了店铺。……约1点钟，我

① 方龙龙，2018. 常山，印度茶的故乡［J］. 浙江省地理学会年会会议论文集，11-23.

们抵达“端平”城，这里午餐已经准备好了。剩下的一段路程是沿着一条很好的道路前进。经过一片肥腴的田野，或有几座山，再经过一连串的村庄。……直到5时，我们到达玉山镇。……傍晚，大使和他的全体随行人员安全地登上了船[①]。

在方龙龙的实地考察中，他比对了爱尼斯·安德逊笔下所述景象和现实道路及村落。得出如下发现：使团舟泊之处应是富足山以南至西南的十里潭水域；水南岸“一片高大直立的大山”即为挂榜山；“市镇前面是军营”指的是当年的长圩铺营房。另外，在沿长圩古道走过去的三里滩塔基上远眺，常山古县城确是在天马山和西高峰山之间的山谷里。县城外，从小东门至常山港又确是一个宽广的郊区，城市与江岸的距离也与文中接近。城市名“张水扬”，应为谐音“上水岸”，为不同语系加地方口语音译之误。显然安德逊将常山县城所处的区位地作为县名了。而同理，“端平”城应为“太平”村就不难理解了。

其中提到的古塔，应是塔山顶上的文峰塔。清代光绪十二年的《常山县志》中记载到，“文峰塔”在县东南山巅，乾隆戊子年（1768）知县苏王比建，以关“一邑文风也”。因建筑位置选择在山峰上，故取名为“文峰塔”。[②]

客有自均州来者，登元关门，望真观浮图，怪而问之曰：“此吾乡武当峰……胡为而在此？”或问：“武当峰何状？”曰：“中一峰，曰参岭，秀绝云表，非天气清朗不见，一月不过四五见而已。郭氏《南雄州记》所谓“博山香炉茗亭者”是也。”……因语之曰：“此一邑文笔也，取名武当别峰。”

武当别峰，就是文笔峰，又名塔山，均因山巅有文峰塔而得名，为常山十大名胜之一。山顶有文峰塔、半闲亭、集真观，山半有元关门等古建筑群，集真观内原有“武当行宫”匾额一块。塔旁原有集真观、半闲亭和

---

① 爱尼斯·安德逊，2002．英国人眼中的大清王朝［M］．北京：群言出版社．

② 《常山县志》是清朝光绪十二年（1886）出版的记载常山县当地历史、地理、风俗、人物、文教、物产等的专书，由当时的常山知县李瑞钟重新修辑。现珍藏于常山县档案馆，属保存最为完整和全面的线装原版常山古县志。此县志综合记载了常山自嘉庆后七十余年的时世变迁、人文地理等方面的情况，共25册，系衢州地区六大著名方志之一。

魁星阁等建筑，其中集真观等古建筑已不复存在。文峰塔在明代万历年间由知县唐三屏修整，清代嘉庆十二年五月十九日倒塌，十八年知县陈生集绅耆等重建。文笔峰上古木参天，葱茏蓊郁，环境幽雅，风景秀丽，是常山人民最爱游览的风景名胜之一。

第二节　常山银毫

常山的土地总面积为1 097.1平方公里，地貌特征以丘陵山地为主，丘陵山地面积占全县土地总面积的74.8%。茶叶是常山山区一个重要的农业产业，全县茶园面积1.4万亩，主要集中在12个重点山区和半山区乡镇。现有大小茶叶加工企业20余家，其中注册企业6家，茶叶专业合作社12家，其余为小型或家庭作坊加工厂[①]。

常山县茶园大多数是20世纪60—70年代发展起来的老茶园，茶树多以群体鸠坑种为主，良种比例仅占茶园总面积的5%左右，远远低于全省良种化水平，造成名茶上市时间迟，采收期短，产量低，经济效益差等落后局面。20世纪80年代，伴随着全国名优茶生产的发展趋势，常山县开发出了具有本地特色的名优茶——常山银毫。1984年在省名茶评比中，以“外形细紧，卷曲显毫，香气清幽，滋味鲜醇，叶底嫩绿，汤色明亮”的特色，评为一类优质名茶，从此成为当地的代表性名茶。1991年获浙江名茶证书后，常山全县内主推常山银毫品牌。1994年成立常山名茶开发中心，原属常山县农业局。作为生产和推广常山银毫的主力企业，名茶开发中心在常山银毫的发展中起到了重要的作用。

1999年12月，常山名茶开发中心被衢州市政府确认为市级农业龙头企业。2000年以来，常山名茶开发中心坚持以实施种子种苗工程为抓手，积极承担全县茶叶良种的引进和推广工作，并投资100万元在茶叶重点产区的球川镇山岭村，一次性租用山地500亩，发展了常山县第一个集中连片的茶园良种示范园基地。该基地位于群山环抱，空气新鲜，环境优美，气候适

① 张云金，2014. 常山银毫茶品牌整合现状和发展思路［J］. 福建茶叶（5）：35-36.

宜的山区，周围无工业污染，土层深厚，有机质含量丰富，为发展优质茶园提供了十分优越的环境条件[①]。

常山茶园以丘陵、山地为主，重点产区集中在山区乡镇，全县50亩以上的茶叶大户60个，20亩以上的有112个，由于山区离县城较远，市场信息不灵，经济发展不快，资金物质准备不足，往往与生产脱节，不仅影响茶叶产量，而且也影响茶叶质量。2010年，名茶开发中心采取企业担保等形式，为十多户茶叶大户担保贷款100余万元，直接借款30多万元，以缓解这部分茶农生产资金不足的矛盾。在产品收购中，以每千克高出一般销售户10%的标准，返还于茶农。

2009年，组织茶叶企业、茶叶种植大户50多家成立常山银毫名茶协会，并由协会组织茶叶专家开展茶叶生产技术指导，确保常山银毫茶叶质量。并发布常山银毫品牌管理办法，进一步健全许可使用规则，强化品牌整合，建立集体商标与市场准入条件与淘汰机制，规范申请使用程序，强化产品质量抽查检测，重振常山银毫雄风。2013年，常山银毫名茶协会申报的“常山银毫”集体商标，由国家工商总局商标局核准注册，成为常山县成功注册的首件集体商标。这是继“常山胡柚”和“常山山茶油”两件地理标志证明商标成功注册后，常山县收获的第三件地理标志类商标。目前，常山银毫名茶协会已发展会员单位55个，并实行“区域性品牌+商标”的管理模式，允许同时加冠企业商标。

与开化、江山等主要产茶县市相比，在衢州的茶产业版图中，常山县的茶业规模较小，但也形成了自身的地方特色。常山银毫主要产于常山的何家乡文图、溪东、石门坑等地，这里林木繁茂，常有云雾缭绕，适合茶树生长，所产茶叶叶质肥厚，味醇香浓。

常山银毫是一款绿茶，原料以一芽一叶为主，加上采制工艺精细，形成外形翠绿显毫，香气馥郁持久，滋味鲜醇带甘，汤色嫩绿明亮，叶底完整成朵的品质特征。

在20世纪90年代常山县摸索总结出一条比较完善的常山银毫机制工艺

---

① 李亚梅，2011．提升常山茶产业的实践与思考［J］．中国茶叶（4）：10-11.

流程，具体流程为：鲜叶采摘摊放→杀青→第一次理条、摊凉回潮→第二次理条、摊凉回潮→第三次理条、摊凉回潮→烘干→成品。

其中，鲜叶采摘与摊放鲜叶的采摘标准为一芽一叶初展，采回的鲜叶摊于篾垫上，厚度2厘米，摊放时间为4～6小时，雨水叶可适当延长摊放时间，至叶质变软，叶色转暗，青气消失时即可付制。杀青温度为150～160℃，投叶时要求均匀、连续，并随时观察杀青叶情况，以杀青叶清香四溢、折梗不断、稍有黏手感为适度。然后，进行三次反复理条和摊凉回潮，最后烘干。烘干温度85～90℃，烘到手捻茶叶成粉末时下机摊凉。同时，为了提高香气和品质，在下烘前2～3分钟将烘干温度提高10～15℃，让其有一个“吃火”的过程。

常山茶叶的好品质，不仅在现代有名，古时亦为世人所追捧，吸引了众多名人文士。明代大学士铅山费宏到常山寻访古刹，留下“晴峰一榻茶烟起，夏木屯云鸟语双”的诗句。明代的梁怀人也写有诗云，“登楼得共中郎赋，煮茗应联魏野诗”。

据嘉庆《常山县志》卷之一载，石崆山“山下有华严寺、赤雨楼、漱石亭、问庄亭、拱绿亭、沐鹿泉诸胜”，每处名胜皆有出处来源。华严寺即石崆寺，相传系唐宋古刹，因收藏有佛家典籍《华严经》称著当时，因此又名华严寺（庵）。如果杜绾《云林石谱》记载属实，石崆寺至少是宋代古刹，只是目前尚无其他史料佐证。雍正《常山县志》所说的“国朝顺治年间，僧立涛建”，应该属于重建。

漱石亭，位于石崆山上，由衢州节度使推官孙鲁在顺治初年建成。孙鲁，字孝若，江苏常熟人，虽掌管司法刑狱之职，却偏好文雅之风，喜好寄情山水，三衢山赵公岩也曾留下他的足迹和诗刻。一次，孙鲁应石崆寺立涛禅师邀请，饱览石崆山的茂林修竹、奇石清泉后大发感慨，于是在石崆山上建造了一座观景亭台，命名为“漱石亭”，其典故源自晋代孙楚的“漱石枕流”，寓意枕流水以洗净耳朵，漱石头以磨砺牙齿，表示向往隐居生活。拱绿亭和赤雨楼，则是钱塘人许钺所建。许钺，字靖岩，号石兰，祖上世代经商，家财殷实，无奈家族中从未有人考取过功名，成为他们家族的心病。许钺发愤苦读，才华满腹但屡试不中，郁闷至极，经常四处游历散心。一次，许钺受好友姚士湖之邀来到常山，见石崆山水清幽，梵音悦耳，犹如醍醐灌顶，又闻石崆寺祈愿灵验，于是发愿恢复重建漱石亭，同时在寺庙之西新建拱绿亭、赤雨楼，并赋诗两首，其中一首《赤雨楼》："秋杪凭栏望，霜林古寺间。一行征雁急，数点白鸥闲。偶读登楼赋，时看落帽山。支公共茶话，香斮鹧鸪斑。"果然，乾隆三年（1738），许钺便考中举人，开启了钱塘许氏的科第仕宦之门。直到乾隆十二年，许钺之子许演还来常山还愿，建造了问庄亭。

嘉庆年间在常山任知县的陈珄，认为常山风气敦庞，习尚质实。朴者负耒，秀者横经。拿起锄头能耕地，放下锄头能读书。其山水民物，阡陌种植，和他的家乡江西金溪颇为相似。每到中秋时节，常山人会时果，携茶酒，供月下。腊月二十四日子夜，礼灶神。谓神以是日上天启事，具粮米果茶祀之，以茶祭祀。陈珄虽然感慨故乡风景渐行渐远、金溪的山川民物，但在这里每每和乡亲们，晤语晤歌于炉香茗碗间，那种淡淡的茶香、浓浓的乡情，似曾相识又恍如隔世。

第七篇

府 城 篇

衢县位于浙江西部，东邻龙游，南界遂昌，西连江山、常山，北接建德、淳安[①]。地貌是南北高、中间低，依次是山区、丘陵、平原。衢之建县，始于东汉初平三年（192），当时称新安，晋时改名信安。唐初于信安置衢州，咸通年间易信安为西安，民国元年始称衢县。

第一节　灰坪白塔茶

走入衢州府城，沿着古老的城墙，感受这座千年古城的文化魅力。城墙、护城河，为我们留存了古老的记忆。南孔圣地，文明儒风，在这里深深地影响着社会的各个层面。衢州府城，如今被分为衢江区和柯城区。在这里，也有茶的足迹需要追寻。

衢江区，为衢州市辖区，区域面积1 748平方千米，总人口41.16万人，是国家森林城市、国家卫生城市、国家级生态示范区、中国椪柑之乡、中国竹炭之乡、全国商品粮基地、全国瘦肉猪生产基地、中国高档特种纸产业基地、中国矿山装备制造业基地和中国碳酸钙产业基地。2018年9月26日，衢江区荣获2018年“中国天然氧吧”创建地区称号。2018年11月，入选全国“幸福百县榜”。2019年3月，被列为第一批革命文物保护利用片区分县名单。

① 衢县，即现今衢州市的衢江区和柯城区。

衢江区是丘陵山区，地貌特征是“七山一水二分田”，山区面积1 218平方千米，占全区面积的2/3。低丘缓坡可开发利用的面积为37万亩，规划期内可开发为建设用地的低丘缓坡资源约4.8万亩。衢江区辖10个镇、8个乡、2个街道、1个办事处：上方镇、灰坪乡、峡川镇、杜泽镇、莲花镇、太真乡、双桥乡、周家乡、云溪乡、樟潭街道、浮石街道、高家镇、全旺镇、大洲镇、横路办事处、黄坛口乡、廿里镇、后溪镇、湖南镇、岭洋乡、举村乡。其中，与茶有关的乡镇有灰坪乡、岭洋乡、举村乡。我们的重点也从此开始。

衢州城的北面是连绵不断的山区，我们称之为北山山系。这里以黄山支脉千里岗为主体，海拔千米以上的山峰有74座，是新安江与衢江的分水岭。同时，也是古代衢县重要的产茶地。在清嘉庆十六年（1811）修订的《西安县志》中，《卷二十一·物产》里就提到了“北山茶”，说明在1811年以前衢州府就产茶①。而且根据在此之前的旧志里提到的“西邑出茶不多，惟北山者佳”，可知产茶山脉就在北山，即现今的千里岗山系。在《西安县志》中我们查到了两首关于北山茶的茶诗。其中，一首名为《迪侄屡饷新茶诗》，“敕府羞煮饼，扫地供炉芬。汤沸联从事，茶瓯遂策动。兴来吾不浅，送北汝良勤。欲作柯山点，当令阿造分”。诗中提到“煮饼”，当时的茶为饼茶，以点茶法来烹煮品饮。柯山点也叫衢点，是衢州一种茶名。

另一首诗为《衢僧送新茶诗》，“齐肠得饱又逐去，午梦欲成还唤回。定是僧家不堪此，满匣青箬送春归”。“箬”原指竹叶，在宋代蔡襄所著的《茶录》之《上篇·论茶》中提道：“藏茶，茶宜箬叶而畏香药，喜温燥而忌湿冷。故收藏之家，以箬叶封裹入焙中。”②意思指，茶适宜用箬叶来包裹存放。由此推断，此诗中提到的“满匣青箬送春归”中的“春”可能有两层含义，一是指春茶，二是指春色。由此可推断出当时的僧人多爱茶，而北山山脉就是主要的采茶、做茶的地理空间。

在《衢县名特产》一文中写到，在衢北群山环抱，云雾弥漫的灰坪乡

---

① （清）姚宝煃，1970. 浙江省西安县志［M］. 台湾：成文出版社.

② （宋）蔡襄，2009. 茶录［M］. 上海：上海古籍出版社.

千里岗白塔洞一带，是出产我国名茶“白塔茶”的地方[①]。这里提到的千里岗就属于上述提到的北山山脉。其附近的白塔洞，是出产名茶的地方。

灰坪乡原名辉屏，因徐徽言六代孙徐立可于宋咸淳元年狩猎于此，发现此地与桃源相似故而定居。根据我们在灰坪乡实地田野调查所发现的徐氏家族《忠状徐氏宗谱》，其中确有记录辉屏之名的由来。

在《中国历史文化名城：衢州》中记载了，在衢县灰坪乡有白塔洞，并出产白塔茶[②]。而在上述提到的《忠状徐氏宗谱》中也记载了辉屏地区所产之茶。“辉屏者四季分明，物产丰富，以茶叶毛竹蚕桑尤著。所产之茶，明朝时列为贡品，今仍为名茶焉，民多赖此为生矣。”我们进一步查阅了清代康熙五十年修订的《衢州府志》，在《卷三·山川》中，可以清晰看到白塔洞的标注字样，辨明其地理位置，确有存在[③]。

杨家龙的《白塔洞诗》：“塔影岧峣一径幽，碧云晴绕万峰秋。岩前野鹿衔芝过，踏破苔纹翠欲流。”非常传神地描写了洞内的幽静玄机，以及山岩上的秋日景色。野鹿口衔灵芝经过，脚踩到地上的青苔，使得苔液流出。自然生态的美丽山景，为白塔茶的生长提供了绝佳的土壤和山野气息。

白塔茶又名“老辉茶”，相传宋靖康元年（1126）始产，明代以白塔洞易名为“白塔茶”。在明代天启二年的《衢州府志》中记载到，“皇明旧贡额，礼部茶芽二十斤共路费银四十两”，详细提到茶芽二十斤，黄绢袋袱缕扛旗号，路费银二十二两六钱。“西安等五县均办解府，径自具本差吏解赴礼部上纳”[④]。还提到了“茶果茶引”，明茶法有商茶官茶之别，从中我们可以知晓，衢州地区所产茶叶在明代时已经成为贡茶。

---

① 震义、家寿、洪交，衢县名特产，选自中国人民政治协商会议、浙江省衢县委员会文史资料研究委员会出版编写的《衢县文史资料》（第二辑），1992年.

② 中国人民政治协商会议，衢州市委员会文史资料委员会. 中国历史文化名城：衢州［M］. 1995.

③ 据粗略统计，自宋以来，衢州府、县志编修达60多次，其中府志编修10多次。衢州市档案馆经过长期的征集、抢救和保护，馆藏府、县志等各类古史志达二十余部。康熙五十年重修、光绪八年重刊本《衢州府志》，重修者为杨廷望等。

④ （清）林应翔等修，叶秉敬等纂，1983. 浙江省衢州府志［M］. 台湾：成文出版社.

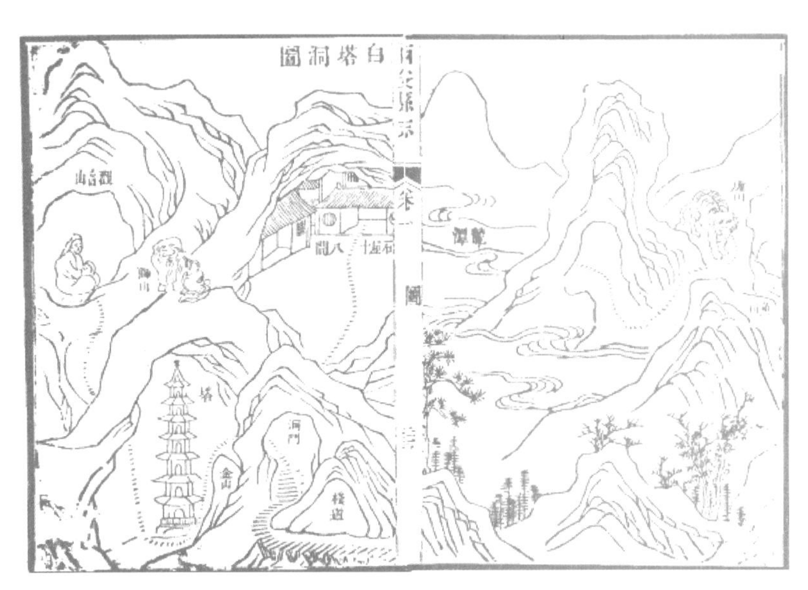

嘉庆年间《西安县志》白塔洞图

在《井泉》中还提到了“蒙泉井”“在府治平山堂后，其泉深清香美，煮茗极佳。”[①]可见，当时衢州地区的人们是非常注重品茗用水的。

在清康熙五十年修的《西安县志》中也提到“荐新芽茶折价银三两二钱”，这说明当时进贡的是芽茶，并且以折价方式进行纳贡。在《赋役》中提到“荐新芽茶四两”，“芽茶折色银五两八钱六分二厘一毫七丝二忽五微。芽茶加增时价银七两八钱五分四厘五丝。叶茶折色银三两一钱四分九厘五毫。叶茶加增时价银四两七钱三分六毫二丝五忽。”[②]

可见，衢州地区所产茶叶的进贡历史，从明代一直延续到清代，历史时间的跨度并不逊色于当时的杭湖两区茶叶。巩志先生所著《中国贡茶》中也记载了清代“浙江省龙游衢县贡茶二十斤”等字样[③]。因此，从前面所提到的衢北山系，我们基本可以推断出当时衢北所产的白塔茶是衢州地区主要的贡茶来源。

那么，白塔茶又是一种具有怎样品质特征的茶呢？在查阅明代文献后，

① （清）林应翔等修，叶秉敬等纂，1983．浙江省衢州府志［M］．台湾：成文出版社．

② （清）姚宝煃，1970．浙江省西安县志［M］．台湾：成文出版社．

③ 巩志，2003．中国贡茶［M］．杭州：浙江摄影出版社．

我们发现它是以饼茶形式出现的。这一点，上述已经论证过。而通读中国茶文化史，我们可以得知明代已经开始罢团饼而造散茶，因此在清代文献中我们发现的词语主要是“芽茶”和“叶茶”，可见当时清代的贡茶外形是以芽、叶为主。

我们进一步查阅《近代中国茶叶之发展》一书，发现其中有对于宁波附近产茶区所记述的内容。1878年宁波领事曾报道：“在徽州和此港（即宁波）之间的乡间所生长之茶叶拥有特别纤细之香味。如将其叶制成绿茶的话，能保持相对程度的风味。”[①]衢州正处于此地区，适宜制成绿茶。

而根据民国时期的《浙江省之茶叶统计》记载，“本省茶叶，以宁绍台区为最盛；金衢严区之仿徽绿茶，为数虽少，然亦颇有地位，各项花色，更可代表茶叶品质之良”。可以知道，衢州地区所产绿茶，虽然量少但是质量上乘。“产量最多之花色为珍眉，占全区总产量百分之四十四左右；次之为抽芯，占全区总产量百分之二十五；再次之为针眉，占全区总产量百分之十三，其余各项，均属于百分之五六左右，而暇目产量则仅及全区总产量千分之八十七，为本区出产最少之花色。”[②]

可见，衢州白塔茶应属绿茶，外形为条形眉茶，和民国时期的安徽绿茶制作相仿，这也与衢北地区位于中国绿茶黄金产区带的空间地理是一致的。

第二节　衢江茶灯戏

在我国贵州、湖北、湖南、浙江等几个主要产茶区，流行着一种民间区域性戏种——茶灯戏，也称采茶戏。2006年5月20日，流行于江西、湖北、湖南、安徽、福建、广东、广西等省区的茶灯戏经国务院批准列入第一批国家级非物质文化遗产名录。挖掘、保护和传承茶灯戏对于非物质文化遗产的保护具有十分重要的意义。

茶灯戏，是茶民俗的一种音乐表现形式。作为“宋代民间茶文化的

① 陈慈玉，2003. 近代中国茶业之发展［M］. 北京：中国人民大学出版社.

② 浙江省油茶棉丝管理处茶叶部编印,《浙江省之茶叶统计》，1939年，第97页。

活标本”，其丰富的艺术价值和文化内涵，对茶文化的史料研究有重要的价值。

在浙江，遂昌和衢州两地都有茶灯戏的文化和传统。据浙江省艺术研究所专家考证，流传于浙江遂昌的茶灯戏为宋代的一种茶文化[①]。早在北宋，遂昌茶场就是全国15个茶场之一。《遂昌县志》里描述遂昌的茶市是相当热闹，遂昌茶灯戏正是应当时茶市活动而产生，是当时茶市期间百姓竞乐活动中的一项重要节目。而衢江区举村乡洋坑村的茶灯戏，则已有350余年历史，是当地劳动者欢庆丰收、赞美生活、歌颂爱情的一种民间歌舞剧，具有浓厚的地方色彩和生活气息。其人物少，布景简单，演出方便，是当地人们文化生活的重要组成部分。

茶灯戏往往都是喜剧、闹剧，没有悲苦戏。剧目多为描写人们采茶劳动的场景和生活中的小事，善用风趣而简练的故事情节来反映丰收的愉悦，体现劳动的欢乐，歌颂纯真的爱情。一般都是小型歌舞剧，表演通常为一男一女，或一男二女，个别也有数人至10余人集体歌舞的。上场时，男女演员均身着彩色服装，打扮得婀娜多姿。男的手持钱尺或鞭当作扁担、锄头、撑船竿等，女的手拿花扇当作竹篮、雨伞或盛茶器具等，或手持纸糊的各种灯具，载歌载舞。茶灯戏的音乐唱腔属于曲牌体，以茶腔和灯腔为主，兼有路腔和杂调，俗称“三腔一调”。伴奏均为民间乐器，主要有勾筒（二胡类）、唢呐、锣、鼓、钹和笛子。有时在表演过程中，还适时穿插演唱一些民间小调或加入民间传说故事。茶灯戏融民间口头文学、歌舞、灯彩于一体，表演轻松活泼、热情欢快，语言通俗易懂、幽默风趣，曲调优美动听、意蕴绵长，戏中的舞蹈动作一般以模拟采茶劳动或生活场景为主，极富乡土气息[②]。

2007年，洋坑村茶灯戏被列入浙江省非物质文化遗产代表作名录。其表演内容多为种茶、制茶的劳动过程。每个茶灯戏都取材于民间，如《开茶园》《大补缸》《卖花线》，演的虽为生活小事却寓意深长，对增进人与人之间的交流、融洽邻里关系、净化民俗民风都有着积极的作用。

---

① 施龙有，卢俊，郑洪，2004. 遂昌茶灯戏重放异彩［N］. 浙江日报，2-25.

② 童芍素，2008. 古代茶文化的鲜活演绎——衢州洋坑茶灯戏［J］. 文化交流（5）：44-46.

目前，当地政府对茶灯戏的挖掘、保护和传承也十分重视，成立了专门的研究保护机构，建立健全了乡、村两级传承保护工作网络，积极寻找曾经参加演出的民间艺人，挖掘剧本、台词，寻找失散的道具，建立新的茶灯戏班子，已分别组建了儿童表演和成人表演两套戏班，形成传承体系。

第三节　衢州玉露茶

茶叶是衢江区的传统产业，虽然北山山系有灰坪白塔村的历史文化，但是白塔茶的发展并不理想。伴随着人们对茶产业创新的需求，一个新的茶叶品牌正在崛起，这就是“衢州玉露”。

衢江区的衢州玉露现为区域公用品牌，产自乌溪江区域。衢江区“七山一水二分田”，森林覆盖率近80%，空气负氧离子每立方米最高达15 000多个。乌溪江水质常年保持一级标准，各项指标均超过欧盟标准，是华东地区最佳地表水，因而衢江区是天然氧吧、生态绿肺，是浙江乃至全国的“水立方”。这里也是国家森林公园和国家湿地公园。

2017年衢江区的茶园面积为3.08万亩，全年产茶1 340吨，总产值12 713万元。为了让更多的茶农迈上致富路，2018年5月12日，衢州玉露茶区域公用品牌暨衢江区茶叶产业协会成立大会在岭洋乡召开。通过成立衢江区茶叶协会，打造衢州玉露区域公用品牌等方式，吹响茶业做大做强的“集结号”。

为了了解衢州玉露，我们走访了衢江区农业农村局，寻访相关负责人。作为一个曾经以柑橘为主要产业的区域，如今茶叶已经成为这里农业经营的新期望。

打造“衢州玉露”品牌意义深远。全区茶产业正处在结构调整的关键期，此时成立行业协会，规范生产经营模式，推广衢州玉露茶区域公用品牌正当其时，可以从原先“一盘散沙”向“有序共存”转变。

衢江区曾先后创建有“衢州玉露”“九龙神针”“大雾源”“仙霞湖”等7个茶叶类企业品牌，存在着多而不精、不响的问题。选择衢州玉露茶为区域公用品牌，是因为它曾经先后获得浙江名茶、浙江名牌产品、浙江省著名商标、有机产品认证等13项荣誉，同时衢江区政府起草制定了衢州玉露茶省级地方系列标准。此外，衢州玉露在江苏、浙江、上海都具有一定的知名度，有消费群众基础。也可从原先“各自为战”向“一个标准”模式转变。

关于如何将原有的柑橘产业与茶产业结合，农业管理者们有更新的想法。他们专程赴新会去调研橘普产业，希望进行产业融合的创新实验。

“我们的柑橘，表皮有一层黄酮，对眼睛有好处。2018年，我们决定对此进行研发，专门去广东新会考察学习。做橘普茶，需要专业的技术。最开始研发的那一批茶，遭遇了失败。由于不知道怎么做，我们把它进行了清洗，导致水分过多，表面就坏掉了。就把它拿来晒，又把果子外面这层皮晒破了。还把橘普的盖子盖着脱水，表面看着是好的，其实里面已经坏掉了。因为水温太高，所以第一批没成功。我们反复试验，后面第二、三批做出来质量就很好了。新会的橘普采用日晒，我们采用低温脱水技术，需要耗时15小时才能完成。因为橘子是不能拿来晒的，晒了以后橘子皮会有爆点，就没有橘子特有的油脂，所以脱水的时候一定要低温脱水，这样做出来的品质就好。目前的产量还不够，还在试验阶段。”

回到问题的最初，衢州玉露的起源又在何处？我们又采访了衢州大山茶叶有限公司总经理江财红，作为衢州玉露茶的经营者代表，他对衢州玉露茶抱有深厚的感情。

“好茶出自大山，玉露茶出自衢江的乌溪江库区。它的品质特征就是香高醇厚、回味甘甜、滋味醇和、汤色明亮、芽叶成朵。”为了让我们更了解衢州玉露，他现场冲泡了一杯春茶。衢州玉露茶不是单芽茶，而是一芽一叶或者一芽二叶的茶叶，泡开后茶水甘甜有回味。

江财红从事茶行业已经17年了，1963年出生的他，早年从事畜牧业，1995年离开了公职，开始创业。衢州玉露并非一款历史名茶，而是现代新创的名茶。在开始具有品牌意识后，江财红迫切需要一个品牌名来带动产品销售。“我当时不知道恩施玉露茶，但我听说日本有玉露茶。不过日本是蒸青茶，而我是用鸠坑种做的炒青绿茶。要推动一款茶，需要有一个故事。‘玉’在中国是一种高贵文化的象征，‘露’代表了新鲜，所以两者结合就取了这个名字。”1993年确定了品牌名字，开始专心做茶。摸爬滚打中，江财红对于制茶的技术有了自己的心得。

“茶叶发酵非常关键，茶汤要透亮，不仅是红茶，绿茶的茶汤也要透亮。红茶要注重汤色，叶底要金黄色。现在有些茶叶是发黑的，其实是加工过程中做坏了。因为他们按照传统的发酵，全程都是小火，茶叶的发酵时间有先后。中间先出现发酵现象，等边上也发酵时，中间部分的茶叶就已经发黑了。但是喝茶的人未必能分辨得出来，所以我们可以从汤色来判断茶叶的品质。汤色不透亮的，就是加工环节有问题。

（20世纪）80年代，衢江区有5万多亩茶叶，规模和开化差不多，但茶产业缺乏地方公用品牌，也谈不上有什么品牌意识，更没有产业标准。我就想，一定要做一个名茶。但是，做一个名茶并不容易，要得到多方的认可，要参加奖项评比。评比的奖项，三年一届，三年评定一次，需要花费十年的时间，才能被市场认可。其间不能产生任何质量问题，如果有什么问题，就会被认为这个茶叶品质不稳定，所以这是一个漫长的过程。我狠下心了，无论如何一定要做名茶，终于在2001年获得了浙江省农业厅颁发的浙江名茶证书，非常不容易。有了品质的保证，有了一定的知名度，还需要制定地方标准，共同来推动整个茶产业的发展。”

在获得浙江名茶证书后，江财红开始思考如何将这一款名茶扩大为一个产业，带动一个地方的发展。2003年，为扩大茶产业发展，江财红负责起草了浙江省衢州玉露茶地方系列标准。地方标准跟企业标准不一样，地方标准是按产业发展需求来推动的，并不是按一家企业的需求来制定的，需要对产业的整体环境和产业现状充分考虑，包括土壤、气候、环境等因素。

“这是整个衢州市的衢州玉露地方标准，是无公害玉露茶，我撰写了标准的文本，由技术监督局颁发。前后花了一年多的时间来写，专家会审。标准不能出错，哪怕是标点符号也不能错，因为完成之后它就是法规了。出台之后，我们可以用这个地方标准来推动整个衢州玉露的产业。”

2006年，由于之前的厂房规模不够大，放不了更多的鲜叶，江财红将自己的生产基地迁到了岭洋乡。“那时的鲜叶收购价大概是四五块钱一斤，我迁过去后就和当地茶农说，你如果是按照我的标准来，最好等级的可以按60块钱一斤来采购。茶农们都以为是天方夜谭，但在实施过程中，我确实按照鲜叶标准来分级采购，他们就相信我了。”

目前，江财红在岭洋乡的抱珠垄和鱼山、赖家等村，建起了360多亩茶叶种植基地。年加工茶叶达1万多千克，名茶销往上海、江苏、浙江等各大城市。

“好茶离不开品质与环境，好的土壤、空气，再加上好的品种，才能培育出好茶。”岭洋乡党委书记刘卸全说，成立了以“大山”为龙头的区茶叶产业协会后，就能通过政府+企业的纽带共同做好产业品牌的宣传，大力推广衢州玉露的生产标准，引领茶农专注精品、高端的有机茶生产，提升茶品质，真正实现“绿水青山就是金山银山”的目标。这些年，在江财红的示范带动下，岭洋乡已经开发了约4 000亩的精品茶园。

作为衢江区茶叶协会的会长，江财红说目前协会共有36人，均是茶叶大户。大家一起打响品牌，就能带动更多的山区百姓增收致富[①]。数十年的坚持，也终于得到了回报。2018年，浙江绿茶（银川）博览会在银川国际会展中心举行，在这场有150家企业参与评选的活动中，衢州玉露茶被评为博览会金奖，获得了认可。

① 采访时间：2019年1月22日，采访人：沈学政、刘万豪，采访地点：衢州市。

第八篇

人 物 篇

在衢州的茶叶发展史中，无数名人与伟人都曾参与过、驻足过。这当中不乏茶叶领域的专业人士和儒士官家。他们的到来，为浙西山区带来了鲜活的生机，也带来了与外界接触的机遇。

第一节 万川和吴觉农

1941年9月，坐落于浙江衢县的东南茶叶改良总场改为财政部贸委会中国茶叶研究所，茶叶改良总场场长吴觉农先生改任茶叶研究所所长。1942年，中国茶叶研究所由浙江衢州的万川，迁至福建崇安。在当时战事紧张、条件艰苦、经费短缺等极为困难的条件下，吴觉农带领蒋芸生、叶元鼎、王泽农、庄晚芳等一批茶学家，同心同德，任劳任怨地在崇安赤石开展了茶树良种繁育、茶叶机械加工和制茶化学等研究工作。同时，还编辑出版了《武夷通讯》《茶业研究》等茶叶学术期刊，为后人留下了宝贵的精神财富[①]。

这个位于航埠镇的万川村，和中国无数乡村一样平淡安静。但就是这个不起眼的小村，却和中国茶业历史上最重要的人物有关。那段重要的历史时刻，也将随着我们的寻访而被重新发现。

① 郑毅，2016. 解读《茶业研究》月刊［J］. 农业考古（5）：198-201.

万川村，东距衢州府城7公里，西离航埠集镇3公里，村中有百年的陈氏祠堂，是一个水陆交通便利、依山傍水、历史悠久的江南行政村。全村现有人口3 451人，1 014户，23个村民小组。我们走访的时候，正是柑橘成熟季，家家户户的院子里都堆放着不少的柑橘。柑橘是衢州当地的特色产业，每到丰收季节，人们会将柑橘的果皮和果肉分开销售。果肉容易腐烂，卖不出价钱，果皮则可以烘干。果肉上的白丝，也就是被称为橘络的部分，是中医里一味非常实用的中药。《本草纲目拾遗》中记载，“橘络能通经络滞气、脉胀，驱皮里膜外积痰活血”。橘络中富含芦丁，能让血管保持正常的弹性和密度，减少血管壁的脆性和渗透性，防止脑出血。因此，当地人会将橘络手工剥下来，再进行销售。这是一个相当精细的工作，村民们三五成群地合伙劳作，坐在院子里剥去果肉上的丝。我们就在这一堆柑橘作业中，边剥橘络边听当地人为我们口述当年的万川历史。

万川虽然只是一个小村落，但是它的地理位置非常特殊，其南侧是丘陵地带，北接常山江，双江线穿村而过。常山江是连贯着开化、常山等浙西地区的茶叶转运的重要枢纽，江面非常宽阔，可以通行数十条大船，水路交通异常便利。虽不在衢州市中心，但离衢州城并不远，可以搭乘火车转运去往各地。且因为在城市核心地带的外围，所以显得非常隐蔽。这样特殊的水路条件，可能也是当年吴觉农先生选择万川的重要原因之一。

万川也是一个文化村落，村里有一座陈氏宗祠。始建年代不详，清朝嘉庆初叶重建，咸丰年间被焚，民国四年再度重建。数度经历沧桑，依然雄伟壮观。整个宗祠坐北朝南，面宽18米，进深26.7米，占地481平方米，门面为八字形牌坊式，小额枋单额枋设青砖浮雕二十四孝故事，左右有“纲常”“纪伦”文匾，次间柱设有“渔樵耕读”的人物浮雕，正楼左右为人物雕刻，中间为两个狮子造型的浮雕。

说起陈氏宗祠，就绕不过“先有万川陈，后有衢州城”这个典故，它指的就是万川村陈氏宗祠里供奉的“半城公”陈庆甫。

陈庆甫是浙东道衢州路信安县亨衢乡万川上社居人（今衢州柯城航埠

万川），颍川郡万川陈氏始迁祖陈康诚四世裔孙，其父陈寿智与叔陈寿仁、陈寿勇在元代俱授都官[①]。然而，陈庆甫自幼无意仕途，喜好商贾贸易之道。其时衢州周边的陶瓷作坊颇盛，他用船将陶瓷品水运至福建泉州、漳州等地销售，又将当地特产带回，于江浙苏杭等地互通有无的来往贸易，渐渐地家资日趋丰厚，在其盛年时可谓是富甲一方[②]。

元顺帝至元二年（1336）监郡伯颜忽都任衢州东路达鲁花赤[③]。刚来衢州上任时，因见衢州旧城墙倾废坍塌，便召集衢州东路所属五邑知县，建议修葺新城。无奈战事所累，国库亏空，修建周城约需十万银两，实为难事。庆甫公闻后，慷慨捐助，并被任命为督城巡工。当时，东门、小南门、大南门、北门各门皆顺利竣工，唯独朝京门潭深流急，落基极为困难，庆甫公因此忧心忡忡。一日午后，朦胧中他梦到尉迟恭，说是江潭中有乌鲤精作怪，只要将他祖传之聚宝盆投入江中，便可将其镇伏。醒后，他立即按梦中吩咐行事。霎时风平浪静，不久水亭门城墙城楼便告竣，为“铁衢州”打下基础[④]。

在这个故事中，有地方乡绅回报家乡的慷慨壮举，也有衢州城池建设的由来。在轻商重仕的年代，乡绅以善举来获得皇室的赏赐，捐款修路造城，资助一方百姓，功勋显著。元顺帝至元四年（1338）陈庆甫卒，周边民众纷纷言说其曾入梦送财，皆谓其乃“财帛星”转世。故在其卒后，衢州城隍庙、河西（今航埠）福聚寺、乌石山福惠寺、万川村西即西寺、万川陈氏宗祠都塑有陈庆甫公像，并刻碑文以铭志。并且，每年农历七月二十四至七月二十九成了乌石山福惠寺的传统庙会。至今，每逢庙会时，善男信女万人云集乌石山，来自江山、常山、衢州周边城市的香客朝山进香，成为衢州最有影响力的庙会之一。

六百年后，万川迎来了它历史上最重要的一位人物——吴觉农，并携带着他的中国茶业改革复兴之使命。

---

① 陈庆甫（1270—1338），字嗣宗。

② 摘考自万川陈氏宗谱，万川陈氏二十四世裔孙宏泉查考校撰。

③ 达鲁花赤，蒙古语意为“镇守者”，有总辖官之意。

④ 毛轩燕，2018. 先有万川陈，后有衢州城［EB/OL］. http://www.sohu.com/a/274520552_179598.

茶叶起源于中国，也是中国近代最重要、最大宗的出口商品。然而，中国近代茶业的发展却十分艰难，外有西方列强经济文化的冲击，印度、日本、锡兰（今斯里兰卡）、印度尼西亚等竞争对手的出现以及日本帝国主义的侵略。内则战争频繁，茶叶生产技术落后。内忧外患之下的中国茶业生产贸易，逐渐走向衰落。寻求中国茶业复兴与发展之路成为当时国人的迫切愿望，著名农学家、农业经济学家，现代茶业的奠基人吴觉农先生便是先驱者之一，他将一生都奉献给了中国近现代茶叶事业。

1897年春，吴觉农出生在绍兴市丰惠镇，浙江省著名的茶叶产区。他是家中幼子，随母姓吴，名荣堂。年少时，受孙中山"三民主义"影响，关注民生问题。17岁时，选择了浙江省甲种农业专科学校学习农业专业知识。青年吴荣堂在了解了中国农业现状、体会到农民疾苦后，将自己的名字改为"觉农"，以此来表达他振兴中国农业、唤醒农民起来革命以改善生活的决心。1919年，吴觉农以优异的成绩成为庚款留学生，被选送到日本农林水产省静冈县牧之原国立茶叶试验场专习茶叶科目，从此便与茶叶结下了不解之缘。在日本求学期间，他在学习之余收集各国关于茶叶生产、制造、贸易方面的资料，撰写了大量文章，并在各大报刊上发表，逐渐在世界茶业界产生了一定的影响。他撰写的《茶树原产地考》一文，用铁证驳斥了某些国外学者否认中国是茶树原产地的历史事实，掷地有声地向全世界宣告中国是茶的故乡。

回国后，吴觉农在国民政府实业部担任职务，他开始将自己振兴农业、复兴茶业的理想付诸实践，写成《中国的农民问题》一文。后来毛泽东主持广州农民运动讲习所，还将其选用为参考教材。1929年，吴觉农被任命为浙江省建设厅合作事业管理室主任，从事农业改良工作。1931年，应蔡元培的邀请，吴觉农来到上海从事中央研究院社会组的工作。其间，时任上海商品检验局局长的邹秉文因器重吴觉农的才华，邀请他筹办茶叶出口检验事宜，并委任他为上海商品检验局茶叶监理处处长。在商检局的7年时间里，吴觉农编制了中国第一部出口茶叶检验标准，首创了我国茶叶出口口岸和产地检验制度。这一举措维护了中国茶叶在国际市场上的声誉，增强了市场竞争力，为我国茶叶出口贸易事业的发展奠定了重要基础。

1918—1933年是华茶对外贸易的低谷期，特别是红茶的输出数额直线下降，呈现出空前的惨淡景象，由每年20多万担锐减至10万多担。1932年，安徽省建设厅向吴觉农发出邀请，拟请他出任设在祁门的中国第一家茶叶科研机构——安徽省立茶业改良场的场长。为了振兴华茶，支持红茶产业发展，吴觉农毅然接受邀请，从上海来到皖南，贫穷落后、缺米少盐的山野乡村，开始脚踏实地地实施他的中国茶业复兴计划。

他从国外购进制茶机械，尝试将沿袭百年的传统手工制茶改为机械制茶，并在茶业改良场内成立了茶叶运销合作社。从种植技术到生产管控，从产地产区到销售流通，经过吴觉农大刀阔斧的改革，两年后茶叶运销合作社获得很大的收益，吸引了大批茶农加入合作社。这种新型茶业运销模式，也被作为成功的典范逐渐推广到全国。除了安徽，他还在浙江、江西、湖南等产茶大省，针对各省茶叶特性设立茶叶试验场和茶业改良场，并先后赴印度、锡兰考察。通过一系列的实践研究，吴觉农分别与范和钧、胡浩川合著了在茶业领域极具代表性的两部著作《中国茶业问题》和《中国茶业复兴计划》。“洋行敲诈茶栈，茶栈压迫茶号，茶号受到双重剥削，又循环转嫁到茶农身上”，“长此以往生产无法发展，技术无法改进，华茶又怎么能不衰落呢?!”为此，他设想在茶叶生产领域，举办茶农生产合作社。在流通领域，由国家直接运销国外。在他的推动下，皖、赣两省成立了“皖赣红茶运销委员会”统管运销。实业部采纳了他的建议，由实业部牵头，皖、赣、浙、闽、湘、鄂等省联合集资，成立了官商合营的全国性茶叶公司。

抗日战争时期，吴觉农也在自己的领域为抗击日寇侵略、支援中国经济做着努力。抗击日寇需要大量的财力支持，茶叶贸易收入是抗战军费的主要来源之一。吴觉农在这期间从事国民政府贸易委员会的茶叶产销工作，在中国最大的茶叶出口市场上海沦陷后，他努力开拓茶叶对外贸易。

1938年，吴觉农受贸易委员会委员邹秉文电邀，率领一批茶人去武汉着手筹备对苏贸易，以茶叶同苏联换取抗战急需的装备武器。同年，由吴觉农提出、国民政府颁布实施《管理全国出口茶叶办法大纲》，实行全国茶叶的统一购买、统一销售。他先后赴各产茶大省，联系成立各省茶叶管理处（局），系统地组织茶叶整个生产流程，把分散在各省茶山茶园成千上万担零星茶叶，加工为成品箱茶，集中出口销售，大大提高了对苏易货和海外销售的效益。通过他的不断努力，1939年，华茶外销跃居当时出口商品第一位。不仅超额履行了对苏易货合约，还向西方国家换回一定数额的外汇，为支援抗日做出巨大贡献。

1941年太平洋战争爆发，我国对外贸易口岸全部被日寇侵占，茶叶出口停顿，茶叶生产一落千丈。在财政部贸易委员会的委派下，吴觉农临危受命，带领蒋芸生、叶元鼎、王泽农等一批志同道合的中青年茶人，从安徽屯溪来到浙江衢州万川筹备东南茶叶改良总场，在极其艰苦的条件下，坚守着自己的时代使命。

吴觉农先生派遣的第一批茶叶工作者是在1940年春天到达衢州万川的。当时，浙东、浙南、浙北的主要城市已经沦陷，只有浙西南衢州、江山和丽水还处在抗战后方。据浙江老茶人陈观沧先生回忆，事先吴觉农派朱刚夫、庄晚芳、钱梁、庄任等人到衢州开展调研，勘察办场地址，后来陈椽、吴振铎等人也到达衢州万川改良场进行工作。衢州"四省通衢"，与福建、江西、安徽以及浙江省内其他茶区毗邻。当时衢州还是战争后方，茶叶工作者们选择在衢州办场是有有利条件的。他们发动茶农开展老茶园更新运动，支援抗日战争，增产茶叶，提高质量，组织收购、加工和出口，履行中苏以茶叶为主的易货贸易合同。

后来，当年的随行者庄晚芳先生写下一首《七言诗》来记录那段热血年代。"奉献热情革命心，培养勇士育茶人。万川筹建改良场，茶科所前史最珍。"万川，就此成为中国茶科所前身的诞生地，成为茶叶革命火种的起源地[①]。

当我们在万川寻访历史遗迹时，村里的老人回忆说，"1938—1941年日军经常空袭投炸弹，空投带有细菌的食品，老百姓误食后疫病流行。就在这样恶劣条件下，从外地来了一批年轻人到万川办了一个东南茶叶改良总

① 王家斌，2009. 浙江衢州"万川之行"——寻找吴觉农、庄晚芳先生在抗日战争期间的往事［J］. 中国茶叶加工（2）：45-46.

场，就办在陈氏宗祠内。”2008年，在浙江省农业厅工作的王家斌，也是庄晚芳的学生，他为了追溯历史来到了万川。老人们带他去参观了当年改良场的旧址，祠堂楼上是工作人员的住宿场所，楼下则是吃饭和办公的地方。2016年，我也来到了万川的陈氏宗祠，看到了当年的旧址。宗祠还在，但是早没有了昔日的痕迹。老人们用方言介绍了他们所看到的情景，由于时代久远，回忆已较为破碎，但当年工作团队们奋力拼搏专研的场景还是历历在目。在一个战火连天的年代，生命安全尚得不到保障，一群年轻人埋头研究如何将茶叶做好，夜以继日研究如何提高茶叶质量，用茶叶贸易的收入来支持国家。并且还在纸张、印刷条件都十分困难的情况下，创办了《万川通讯》茶叶专业杂志，用于沟通各省茶叶信息和茶叶技术推广。一群年轻人在革命理想的映照下，用专业知识为国家民主民生奉献自己的青春才华。

1941年9月，吴觉农又一次来到万川，对全场工作人员讲了下面这段话。“在今天，不论前方的战士和后方的生产工作者都同样以战斗姿态为抗战胜利而努力着，谁都知道这两年（1939、1940）茶叶产量增加，给抗战尽了极大力量，每年茶叶出口值港币五千万元以上。这样庞大的外汇，不能不说是我们茶叶工作者共同努力的成绩。但是，我们满足了吗？没有。我们要增加更多茶叶，提高质量，换取更多的外汇和抗战物资。”[①] 吴觉农同时宣布了一个好消息，“经财政部贸委会批准，奉令东南茶叶改良总场改为中国茶叶研究所”，吴觉农任第一任所长。

后来因抗战形势紧逼衢州，东南茶叶改良总场不得不离开万川，向常山、江山、福建崇安县转移，之后就到了武夷山，在福建省示范茶厂（场）重新开展茶叶生产研究工作。浙江农业大学（今浙江大学华家池校区）茶学系庄晚芳教授，在1989年11月写的《缅怀茶人——吴觉农先生》诗云：“匆匆屏幕偈遗容，不胜悲伤难再逢。昔日万川言犹在，前程迈进振龙宗。”[②]

---

① 王家斌，2009. 浙江衢州“万川之行”——寻找吴觉农、庄晚芳先生在抗日战争期间的往事［J］. 中国茶叶加工（2）：45-46.

② 王家斌，2005. 抗日战争中吴觉农在浙江衢州的往事［J］. 茶叶（4）：210-211.

万川，从此成为中国茶叶研究所成立的亲历者，成为那个时代茶叶青年们热血奋斗的见证者。如今的万川，不再有茶，唯留柑橘。昔日的宗祠，仍屹立江边。我们走上江边的埠头，老人告诉我们当年这里有好几个埠头，可以上下船只。江面宽阔，风平浪静。江风中，依稀能看到当年乘船而来的茶叶工作者们，在这里拾级而上，走进万川。听到吴觉农先生的慷慨陈词，"茶业工作者，既然献身茶业，就应该以身许茶，视茶业为第二生命"。

1949年，因其在茶业上的巨大贡献，吴觉农被任命为中华人民共和国农业部副部长，负责组建第一家国营专业公司——中国茶叶公司，为中华人民共和国成立初期茶叶生产的迅速恢复与发展、扩大茶叶出口发挥了重要作用。1984年，已是耄耋之年的吴觉农主编出版了他一生中一部具有里程碑意义的重要著作《茶经述评》。该书对世界第一部茶学专著唐代陆羽所著的《茶经》做了详细的译注和全面、科学的评述，饱含吴觉农深厚的茶叶实践经验和理论沉淀，被誉为"20世纪的新茶经"。吴觉农为中国近现代茶业复兴发展而努力奉献的一生令人敬佩，被赞誉为"当代茶圣"[①]。

第二节　开化与朱熹

朱熹（1130—1200），南宋哲学家，字元晦，别号紫阳，江西婺源人，为北宋以来理学之集大成者，被尊为古代理学正宗，孔子后影响最大的教育家。朱熹幼年丧父，父亲朱松嗜茶成癖，虽没有留下遗产，但教会了他饮茶。所以，朱熹也是一位嗜茶爱茶之人，晚年自称"茶仙"。在他出生的第三天，家人以宋代贡茶名"月团"为他洗三朝。成年后的朱熹，一生讲学，成为一代儒学宗师[②]。

因婺源与开化接壤，朱熹曾多次到开化的包山书院开坛讲学。包山是开化县马金镇溪西的一座高大孤山，山上林木葱郁，荆棘丛生。四周有平

① 徐延誉，2018. 吴觉农：中国茶业复兴先驱［EB/OL］. http://www.zgdazxw.com.cn/culture/2018-03/16/content_226540.htm.

② 朱熹在训诂考证、经学、史学、文学、乐律以至自然科学方面都有一定的贡献。在哲学上继承和发展了二程（程颢、程颐）学说，建立客观唯心主义的理学体系，世称"程朱学派"。

坦开阔的马金畈、姚家畈、星田畈、徐塘畈和霞山龙村畈一万多亩粮田，马金溪穿畈而过。由于此山处于四周许多村庄包围之中，所以人们称之为“包山”。唐代以来，这里一直是马金西村汪氏族人的聚居地，俗称“包山故里”。据《开化建设志》载：“包山听雨轩位于马金镇之包山东麓。宋淳熙（1174—1189）中，进义校尉汪观国解甲归来，笃于教子和研究理学，与其弟汪杞共建，朱熹匾其轩曰‘听雨’。”其时，朱熹、吕祖谦、张南轩、陆九渊等均为此讲学之所留下了一些诗文和楹联。

淳熙三年（1176），朱熹往婺源祭扫先祖墓后，过常山径往开化。同吕祖谦约于开化县北听雨轩，陆九渊等来到听雨轩一起研讨学术，史称“三衢之会”。1233年，听雨轩扩建学舍，供四方负笈求学者住宿。1356年，包山书院成立。

书院是中国古代民间一种特殊的教育组织形式，最早出现在唐代。开化位于钱塘江源头，虽地处一隅，但书院教育却异常繁盛，读书之风甚为浓厚。朱熹在马金讲学时间虽不长，但对浙西地区的人民思想文化启蒙起到了重要的影响作用。

朱熹对包山的自然环境极为欣赏，对包山的茶叶赞不绝口。汪观国、汪端斋兄弟对程朱理学甚为推崇，极力挽留朱熹留下讲学。汪观国还让自己的两个儿子端出热茶侍奉，意为拜师。朱熹品过茶后，只觉滋味浓醇鲜爽、清香幽溢舌尖，再观茶色，嫩绿清澈、色泽绿翠，三水过后香气仍清高持久，不禁大为赞叹，在汪氏一家的引领下游览了汪氏茶园。茶园位于包山北麓的缓坡上，群山环抱、峰峦叠嶂、林木葱郁，马金溪在山脚下流过。朱熹号为“茶仙”，识茶懂茶，自是知道此乃种茶好地。他借品茶喻求学之道，通过饮茶阐明“理而后和”的大道理。“物之甘者，吃过而酸。苦者吃过即甘。茶本苦物，吃过即甘。问，‘此理何如？’曰，‘也是一个道理，如始于忧勤，终于逸乐，理而后和。’盖理本天下至严，行之各得其分，则至和。”茶本来是苦物，但是品尝之后却有回甘，这就和始于忧患勤奋，而终于安逸享乐的道理是一样的。

离包山不远的石柱村村口有个凉亭，亭内有“铭茶石”，朱子常在此设茶宴，斗茶吟咏，以茶会友。亭上有朱熹所题的“问津亭”“知道处”两块匾额，意为品茶，更是品人生。

朱熹曾任浙东巡抚，做官清正有为，振举书院建设。官拜焕章阁侍制兼侍讲，为帝讲学，南宋时朱氏家族移居徽州府婺源县。朱熹多次来包山讲学，课授子弟，仅马金听课者就达八十余人。淳熙八年（1181）二月，陆九渊来访，相与讲学白鹿洞书院。八月，时浙东大饥。因朱熹在南康救荒有方，宰相王淮荐朱熹赈灾，提举浙东常平茶盐公事，简称“提举茶盐司”。“茶盐司”，别称“仓司”“庾司”“庾台”，是宋代官署名，主管常平及茶盐事务，与转运司、提刑司、经略司并称监司，为路级机构。崇宁元年以后茶、盐管理机构分合无常，南宋绍兴十五年正式定名，基本职能为掌茶盐之利，以充国库，主钞引之法，据其实绩考核、赏罚茶官。南宋时，一般分主常平、茶盐事，该司建立五年间（1112—1116），茶利高达一千万缗，成为当时财政收入的主要来源。

朱熹任提举两浙东路常平茶盐公事后，微服下访，途经衢州，调查时弊和贪官污吏的劣迹，弹劾了一批贪官以及大户豪绅，减免了茶农的赋税，深得茶农的爱戴[①]。

他向朝廷上书《乞住催被灾州县积年旧欠状》，要求朝廷对受灾最重州县如绍兴府、衢州、婺州，应纳官物照应三限条法，劝谕人口及时送纳，其积年旧欠直候秋冬收成之后逐料带催。

晚年朱熹为躲避“庆元学案”，赋诗题匾，往往不签署真名，常以“茶仙”署名落款。他以茶论道传理学，把茶视为中和清明的象征，以茶修德，以茶明伦，以茶寓理，不重虚华，崇尚俭朴，更以茶交友，以茶穷理，赋予茶以更广博鲜明的文化特征。朱熹曾写“瀹茗浇穷愁”，一生清贫。生活准则乃是茶取养生，衣取蔽体，食取充饥，居止取足，以障风雨，从不奢侈铺张。粗茶淡饭，崇尚俭朴。讲学之余，常与同道中人、门生学子入山漫游，或设茶宴于竹林泉边，亭榭溪畔，临水品茗吟诵，是真正的茶人风范。

---

① 余德余，郑文燕，2009. 朱熹在浙东茶盐提举任上［N］. 绍兴文理学院学报，29（2）：26-31.

第三节 方豪的茶诗

衢州虽为浙西山区，地处偏远，但这里民风淳朴，崇学尚儒。茶与儒士之间的故事，比比皆是。这其中，就有著名学者方豪，也是著名的茶人。

方豪，字思道，号棠陵，开化金村乡人，为人刚正不阿。正德三年（1508），方豪进士及第，在刑部四川司办事两年，历任昆山知县、沙河知县、刑部主事、湖广等处提刑按察司佥事、福建提刑按察司副使等职。正德十四年，因谏阻武宗南巡，跪阙下五日，受杖五十，罢官归。方豪回到衢州后，隐居于毛坞，饮酒赋诗、会友品茗，留下不少佳作，其间辑成《棠陵集》八卷。嘉靖元年（1522），方豪被召回京师，复任刑部主事，后奉命赴山东处理积案。到任后，阅案卷，兴调查，酌刑罚，昭冤狱，夙兴夜寐，不辞辛劳，数月积案尽清。嘉靖三年，任湖广佥事。嘉靖四年，升福建提刑按察副使。嘉靖六年，年仅四十五岁的方豪，上疏乞归，获准告老还乡，时心如羁鸟归林，池鱼入渊，断了人间念。方豪留在开化境内的碑记、石刻屡见不鲜，最广为人知的有宋村“十八洞石刻”，天香书院“吟石诗”，北门“山碑”“林下居碑记”“方氏家庙碑记”等。在《开化县志》中，还看到方豪约于嘉靖八年撰写的《重建戒石亭碑记》。

追求极致的宋代饮茶发展到元代，已进入尾声。团饼茶的加工成本太高，其加工过程中使用的“大榨小榨”把茶汁榨尽，也违背了茶叶的自然属性。明代改变了饮茶方式，散茶从明代洪武二十四年（1391）后开始流行，文人茶兴起。当时的江南社会弥漫着一股嗜茶品茗之风，文人雅士因性情、志趣、雅尚相契，形成了独具时代特色的茶人群体[①]。他们煮茶品茗，舒展性灵，在日常饮茶清事中体现价值追寻，寄托理想人生。作为茶文化内涵的赋予者，江南文人对茶性的体认折射出当时文士群体的心

① 吴智和，1993. 明代茶人集团的社会组织——以茶会类型为例［J］. 明史研究（3）：110.

性[①]。“清”是明代士人文化的制高点，明代士人总在有意或者无意地追求“清”的境界[②]。他们以画和诗为载体，融入对茶的理解和对人生的感悟。茶画和茶诗，因此空前繁荣。茶诗，也成为中国诗歌体系中自成一体的体裁。朱世英选注的《茶诗源流》一书收录了历史上以饮茶为主题的诗词作品120首。按时代划分为唐、宋、元、明、清五个部分，比较全面地反映出一千多年来茶与诗在中国文化里相生相伴的发展过程。李白《答族侄僧中孚赠玉泉仙人掌茶》，点明了唐代是中国人饮茶习惯从普及到兴盛的时期。宋代茶诗则反映出饮茶在宋代变得更加讲究，并开始形成相对固定的模式。明代茶诗和清代茶诗开始出现大量针对各种名茶名品的诗作，如明代文人童汉臣在《龙井试茶》中写道：“水汲龙脑液，茶烹雀舌春。”寥寥数笔便道出了名品的妙处[③]。对于饮茶，明代士人不仅喝其味道，更追求一种精神享受，寄情山水。在他们的茶诗中，青山绿树、苍松翠柏、林中小径、茅屋茶亭，与文人士子的品茗修行相映衬，体现出饮茶人远离尘俗的纷扰，寄情林壑的自在心境。方豪的茶诗，也是其中一绝。

正德七年（1512）十一月，方豪为母守孝，筑庐于墓左，名为“林下居”。方豪是金村乡人，金村产茶，品质不输天池茶，故而方豪对饮茶也是非常喜好，写下了诸多关于品茶的诗。《弃瓢图赠国英侍御》中写道：“今我耽书好种树，虎谷棠陵未寂寥。我有知心在南海，壶公名药长自采。”“酒酣解以菊花茶”，方豪的诗中咏菊较多，且以菊入茶以解酒。《水亭闻笛图歌》中写道：“童子茶瓯殊可捐，吾已萧然顿超悟。”[④]《大慈仁寺从诸寮友候张司寇》中写道：“冬晓寒犹薄，相随郭外行。扣门僧未起，持茗隶能烹……公事有闲情。”《再至茶山》中描写了茶山景色，“踰月茶山访，

① 钱国旗，薛繁洪，2021. 明代中后期江南文人的饮茶生活及其文化意蕴［J］. 东方论坛——青岛大学学报（社会科学版）（3）：46-57.

② 张剑，2020. 明代茶的社会传播研究［J］. 广西职业技术学院学报（6）：15-19.

③ 陈俊杰，2020. 在诗词中解读茶文化——评《茶诗源流》［J］. 语文建设（18）：86.

④ 茶瓯，是茶碗一类的盛茶器具，是典型的唐代茶具之一，也有人称之为杯、碗。至宋代时，发展成为饮酒斗茶的一种标志性日用茶具。茶瓯又分为两类，一类以玉璧底碗为代表；另一类常见的是茶碗花口，通常为五瓣花形，一般出现在晚唐时期。

秋光转爱人。潭清看石马，水冷落地鳞。野色连□稻，洲容杂蓼落。壮心今欲已，自拂老农巾”。茶山中的清潭、冷水与杂乱错落的植物蓼，形容诗人壮心欲已的心境，惟余寄情山水，抒发感怀。

在《寄南涧徐于绵州》中方豪写道：“南涧先生爱涧泉，树根独坐意悠然。清风何处摇环佩，明月谁家动管弦。洗砚长分黄犊饮，烹茶时觉白鸥眠。”一幅悠然自得的画面，跃然纸上。而在《圆通寺》里他写道：“一杖逍遥入径赊，白云深处老僧家。儿童坐我青苔侧，笑折松枝漫煮茶。”圆通寺位于池淮镇。在圆通寺，他与老僧相交。身旁的茶童一边笑着，一边折断松枝来煮茶，取松树之香味入茶。白云深处的意境，松香与茶香的结合，充分体现了“逍遥”两字。在《送张景周之枫岭下还宿茶山有怀》中，“送君枫岭独回鞍，此夜茶山月色寒。五马萧萧何处所，不知曾否到淳安”。在《茶山病甚殊》中，“病枕相辞冒雨行，湖墩石滑马蹄惊。茶山此夜呻吟际，汝在田家梦不成”。在《归至双凤镇将别不忍》中写道：“炉火红如锦，茶铛沸如潮。”茶铛是用于煎茶或温茶用的器具，多为三脚。此时，方豪和友人乘舟归来，一路赋诗。在《海宁寺》里描写“石鼎微烟起绿洋，酒阑清坐话亢仓。香分小凤茶除熟，势压游龙笔正忙”。“诗喉正喝频呼茗，仙骨初成惯服苓。”在《天竺见方思道》写道：“竹边茗碗泉香细，月下梅花句格高。”方豪喜欢游览，多次登临杭州天竺。《爱山记》中写道：“无事则苦茗、行吟。”在《园趣亭寄兴》里写道：“梅叶初黄已渐零，木樨风过香满亭……石儿一卷南华经，隔竹茶烟出灶陉。”诗中提到“茶烟”，特指烧茶煮水、泡茶时产生的烟雾。烟者，实云也，云和烟是古代隐逸文化的标志。云，凌空向上，能离开凡尘，象征着上升到更高的境界。因此，文人们对茶烟的描写，是一种诗歌意境的展现。

方豪平生乐山乐水，一丘一壑、一草一木，都留下了他的足迹和诗句。居风尘如饮茶，在茶的世界中抒发情怀。明朝嘉靖六年（1527），方豪告老还乡归养，两年后病逝，终年四十九岁。如今，在金村乡的金路村还有一些方豪遗留下来的物品，如建房用的柱础，方豪上马的马踏等。这些坚硬的石质物品虽已陈旧破损，但依然能看出石器纹理构质的细腻、美观，让人惊叹。方家小院中有一块巨大的石碑，石碑上刻着字，是潇洒、飘逸的书法。虽然石碑被横置于一大堆黄泥土中，但细细阅读，字里行间展现的是一首优美的五言诗。诗人张子麟官至明赐进士第荣禄大夫太子太保刑部尚书，他在写给方豪母亲的《寄赠方封君》中写道："不向明时出，宁知处士贤。性因墉自适，东南海峤鲜。同行山客屐，廿载野人船。酩酊频中望，徜徉更讶仙。红颜颜尚在，白发半萧然。身老沾恩日，名成教子年。锦袍会簇簇，紫诰凤翩翩。彩服归宁近，华筵送熹偏。题诗附鸾鹤，万里好相传。"石碑质地坚硬、结实，高约1.5米，宽约0.8米，反面是大大的"棠陵"两字，历经数百年沧桑字迹依然清晰。

第九篇

茶 机 篇

机械化是农业生产的根本出路。截至2018年底，衢州名优茶加工机械占全国市场的近40%，衢州茶机企业自主创新的名优茶加工清洁化流水线占全国高端市场80%以上。衢州全市茶机工业产值超过5亿元，带动总产值超过100亿元的总产业链。2019年3月24日，衢州被中国国际茶文化研究会授予“中国茶机之都”称号，乃全国首例。茶叶机械产业，已成为衢州茶史上必须记录的重要一环。

第一节　茶叶与机械

中国是世界上饮茶、种茶、制茶和使用茶叶机械最早的国家。19世纪前中国在世界茶叶贸易中占有主导地位，1780年后，在工业革命的影响下，印度等国涌现出大量的茶叶机械，带动了茶叶品质和生产效率的提升，快速赶超中国。中华人民共和国成立后，中国开始恢复茶叶生产，大力发展茶叶机械，直到21世纪初，中国再度成为世界最大茶叶生产国。可见，机械对茶产业发展是至关重要的。

茶叶是浙江省重要的农业主导产业，茶机产业因茶而生，因茶而兴，伴随着茶产业的发展不断壮大。衢州从浙江省的绿茶主要产区，发展为中国的茶机之都，机械业的规模甚而超过了茶业，引起了全国乃至世界的关注。

茶叶机械的使用，与茶叶的生产加工和品饮方式有关，并按照茶园生产管理机械、初制加工机械、精制加工机械、冲泡品饮机械等进行分类。其中，初制加工机械分为杀青机械、做形机械、茶鲜叶处理机械、发酵机械等。精制加工机械分为筛分机械、拣剔机械、色选机械等。

唐代以前，饮茶方法是将茶叶直接放入水中烹煮，或用火炙烤而食，制法简易，在茶叶加工过程中应用工具的记载较少。陆羽于758年撰写了世界上第一部茶书《茶经》，系统地总结了茶叶生产经验，才有了茶叶加工工具的记载。他将茶的制作加工分为采之、蒸之、捣之、拍之、焙之、穿之、封之七个步骤。唐时制茶采用蒸青制，先将采回的鲜叶放在木制或瓦制的甑中，蒸熟后再用杵臼捣碎，尔后拍制成团饼，最后将团饼茶串起来焙干、封存。陆羽记载了多种制作工具，包括灶、釜、甑、杵臼、规、承、襜等，以及研磨器物，可以说这些是早期的茶叶加工制作工具。到了宋代，人们开始使用水转磨研磨茶叶，以水力代替人力来实现碾茶。但随后的年代里，我国的茶叶机械并没有在此基础上进一步发展。

明清以后，欧洲、日本在茶叶机械方面发展迅速，很快超过了中国。欧洲一些发达国家如英国、荷兰等，在其殖民地国家（如印度、斯里兰卡）发展茶园，生产茶叶。为了提高生产力，他们致力于研造茶叶加工机械。从19世纪50年代起先后发明了烘干机、揉捻机、筛分机和拣茶机等多种红茶生产中所需的初制与精制机械，为现代茶叶加工机械的发展奠定了基础。1805年，日本从中国引入茶树，起初采用中国的加工方法和加工工具，1884年开始自主发明生产机械。第二次世界大战后，尤其是20世纪60年代后，日本开始将电子技术与自动控制技术应用到连续作业的制茶机中。现在，日本的茶园作业机械、蒸青茶加工机械都处于世界领先水平。

中国自清代末期开始引进现代化设备制茶，如咸丰年间羊楼洞茶场使用半人力螺旋压力机压造帽盖茶，汉口砖厂用蒸汽压力机压造青砖茶，同治年间福州茶厂用英国进口的压力机压造米砖茶。20世纪30年代，安徽祁门茶叶试验场从印度引进一套萎凋设备。1936年，浙江嵊县三界成立以改进绿茶为主的浙江茶叶改良场，并从日本引进一套蒸青机及臼井式、桥本式揉捻机。彼时，福建示范茶场开始仿造大成式烘干机。1945年以后，浙江杭州成立之江机械制茶厂，采用了由泰安仿制的精制茶机，如抖筛机、泽本式拣梗机、风选机、切茶机、车色机等。尔后，上海祥泰铁工厂始制造炒锅机、平面圆筛机等。20世纪50年代初，由华东工业部负责设计制造茶叶机械，但主要还是仿制国外技术，如上海环球铁工厂生产的臼井式揉捻机等。从引进到仿制，也标志着我国茶叶机械工业已开始起步。

1949年新中国成立后，中国政府十分重视茶叶生产的恢复和茶叶机械化事业的发展，茶产业沿着从人工作业向着半机械化、机械化的道路快速发展。20世纪50年代初期到80年代，中国茶业以大宗红茶和绿茶生产为主，红茶和绿茶的加工机械是这一时期制茶机械研发的重点。50年代初，筹建不久的中国茶叶公司，根据中央恢复经济、扶持城市工业生产方针，提出了“利用机械，提高制茶生产能力，降低成本，以产定销，促进茶业生产和贸易恢复发展”的设想。1949年11月，时任农业部副部长、中国茶叶公司总经理的吴觉农先生就提出“压资订机”的建议[①]。以仿制为主，设计出克虏伯茶叶揉捻机、51型茶叶烘干机、茶叶平面圆筛机、抖筛机、风力选别机、圆片切茶机、阶梯拣梗机、平锅炒茶机和八角滚筒车色机等10余种茶叶的初制和精制机械。由华东工业部有计划地安排上海农药药械厂、杭州力余铁工厂及景兴、大冶、熔瑞等私营机械工厂制造。至1951年6月，共制造出制茶机械2 577台，动力机134台，分发至华东和中南等重点产茶区使用，筹备兴建了一批初制和精制机械茶厂，为中国的茶机事业发展做出了最初示范。但蓬勃发展的茶叶生产需要大量的生产机械，于是群众性的茶叶机械技术革新运动开始掀起[②]。

1957年，浙江成立绿茶初制机械试验组，试制了双锅杀青机、揉捻机、解块筛分机、炒干机，定名为浙江58型绿茶初制机械，1960年批量生产并推广到全国茶区。同时，全国各地也在试制红茶加工机械。1958年中国农业科学院茶叶研究所制成第一台转筒式杀青机，以后又有多种槽式杀青机

① 1949年，吴觉农先生提出“由国家拨给一定资金订制制茶机械，支持茶叶生产恢复发展”的建议，这就是“压资订机”。订机由中国茶叶公司委托上海华东区公司实施，以仿制为主。

② 权启爱，2017. 新中国茶叶机械的快速发展和茶机行业的繁荣［J］. 中国茶叶（9）：18-21.

和滚筒式杀青机投入使用。同年，浙江开始研制珠茶炒干机，1968年该机投入使用。50年代末期，中国开始研究采茶机和修剪机。1964年，中国成立了第一家专业茶机生产厂——杭州农机厂，由科研单位和生产厂组成的设计组在不到两年的时间里设计并试制生产了多种初制和精制机械。70年代初，中国开始研制红碎茶加工机械。70年代末期开始研制茶园管理机械，先后研制成功多种深耕、中耕除草、施肥等机具①。到80年代，已经能够生产各式揉切机。

衢州地区，在20世纪60年代以前均是家庭手工制茶，1952年开化虹桥区富户乡开始使用单筒揉捻机后，江山和开化各地相继创办使用木质结构揉捻机和砖木结构杀青机的初制茶厂。1964年衢县洞口乡竹埂底村和江山县农林场引进58型电力传动制茶机，制茶逐步走向机械化。1965年十里坪农场首建精制联合茶厂，为本市有精制茶之始。后十里丰农场、开化茶厂、龙游溪口区、团石区均相继建办精制茶厂。

20世纪70年代，是中国茶产业迅速发展的时代，茶机需求量显著增加，仅靠为援外生产茶机而筹建的杭州农机厂已无法满足需求。于是，一些茶区的农机、轻工机械修造企业，开始转产茶叶机械。在70年代前后，浙江、江西、安徽、福建、广东等省份的茶机制造厂达到了60余家，茶叶机械生产能力达到了4万台，大宗茶85%以上的初精制加工实现了机械化，茶机行业正式形成。

茶叶机械的发展，是伴随着茶产业的发展而发展的。1984年茶叶统购政策放开，中国茶叶从大宗茶时代进入名优茶时代②。为了复苏国内茶叶市场，各地开始挖掘和复原历史名茶。不仅在采摘标准上趋向于一芽二叶的标准，同时在加工制作上也强调精细化作业。手工炒制已不能满足市场的需要，名优茶的生产加工机械也就应运而生。

从20世纪80年代开始，浙江省的名优茶加工由机器替代手工制作，这是名优茶生产中的一次重大突破。截至目前已形成系列化名优茶机械，如

① 岳鹏翔，陈椽，1994. 茶叶机械发展的历史道路［J］. 茶叶机械杂志（2）：25-27.

② 与主要用于国际出口贸易的大宗茶相比，名优茶通常为各产茶区中具有历史文化优势的传统名茶。采摘标准多为一芽一叶或一芽二叶，生产加工趋于精品化。

扁形机、针形机、毛峰机等。名优茶是中国茶业的支柱产品之一，对实现茶业经济增长方式从粗放型向集约型转变，具有极其重要的意义。名优茶的机械主要包括杀青机械、揉捻机械、理条机械。

杀青机械，因加工的名茶种类不同而采用不同的机械。主要分为锅炒杀青、滚动杀青、蒸汽杀青、汽热杀青、微波杀青等。其中，锅炒杀青主要是电炒锅、煤灶和柴灶等。在龙井茶炒制中，最常应用的就是电炒锅，已有40年左右的历史，并逐渐被推广到其他名优茶的加工上。滚动杀青机的类型比较多，有直筒名茶连续杀青机、锥筒名茶连续杀青机、大宗优质茶杀青机等，适用于名优绿茶的加工。除滚动杀青机外，还有蒸汽杀青机、汽热杀青机、微波杀青机。蒸青是绿茶杀青方法之一，利用蒸汽破坏鲜叶中的酶活性，除去鲜叶青气，保持茶叶绿翠。日本蒸汽杀青技术与中国绿茶的炒烘技术结合，生产出一种品质更好，更具特色的绿茶产品。衢州上洋机械在吸取国内网带式蒸青和配套工艺的基础上，研制出一种蒸汽热风混合进行杀青的杀青机组，用于中国绿茶加工取得突破性进展。并使用烘干机或滚筒杀青机脱水，再进行揉捻、炒干或烘干，所获得的绿茶产品，色泽翠绿，香气独特。不仅完全避免了传统绿茶制法所造成的烟焦味，而且很大程度上可消除夏秋茶的苦涩，结合了日本绿茶与中国绿茶的优点，实现了技术创新。

揉捻机械多采用小桶轻揉快捻，符合名优茶鲜叶原料细嫩易成条的特点，具有揉捻时间短、成条率高、破碎率低、条索紧细均匀、跑茶率低等优点。理条机械，则适用于名优高档茶的杀青、理条、压扁成型等多种作业，杀青叶匀透一致，无焦边爆点，强热进风，色泽翠绿，香气清高。

除此之外，茶叶机械中还包含鲜叶脱水机、分级机械、筛分机械、烘干机械等。鲜叶脱水机主要用于鲜叶中雨水叶和露水叶叶面水的脱除，为名优茶产品保持色泽翠绿、提高香气、改善滋味、保证成茶品质创造条件，并减少炒制过程中的燃料消耗。鲜叶分级机械，是为了保证名优品质的一致性，鲜叶在炒制前必须拣剔和分级。拣剔是剔除老叶、冻害叶、虫害叶、紫色叶、茶果和非茶夹物。分级的目的是为了分清芽叶大小，提高品质。分级后必须立即炒制，以防分筛过程中因芽叶相互摩擦而损伤，发生红变现象，影响茶叶品质。筛分机械主要用于茶叶初制加工中的解块作业。杀青叶经揉捻后的茶团得到解散、分筛，有利于叶子受热均匀，加快烘干速度，提高品质。

名优茶机械的科研工作始于20世纪60年代，但一直未能在生产上应用。20世纪80年代，江苏省应用日本精揉机炒制南京针形雨花茶获得成功，开创了机制名优茶的先河。1990年10月，浙江省第十二届茶机展销会上出现小型揉捻机、小型烘干机，自此浙江省名优茶加工机械迅速发展，每年均有新机械问世。其中杀青、揉捻、烘干这三大工序的加工机械品种规格齐全，能满足生产需要。技术难度较大的名优茶整形炒干机械，通过反复改进，由衢州上洋机械研制生产的流水线机组，其成套设备符合标准化、规范化和商品化生产要求，能适应扁形茶、针形茶和碧螺春等多种名优茶的生产，并通过国家级新产品鉴定，获得了多个奖项，机制名优茶工艺技术逐渐成熟。

面对国内国际日益激烈的市场竞争，浙江茶机制造业，尤其是衢州茶机制造业，始终保持与茶叶生产机械化进程同步，在市场、技术、服务等诸方面继续走在前列。到1989年，衢州全市已有初制茶厂680家，加工机械5 095台，其中揉捻机1 828台。精制茶厂27家，茶叶精制是把初制茶再进行烘、筛、炒、拣、扇等10道工序制成，外销精制产品有特珍、珍眉、雨前、眉秀、贡熙、茶片等。1989年精制茶产量5 906吨，仅开化一县所产的茶叶产量就占了64%。2000年以来，我国茶产业发展迅猛，茶叶机械技术的进步成为影响产业持续快速发展的关键因素。随着新技术和新能源的应用，新型茶叶机械不断涌现，例如多种升温技术杀青机械、不停机式自动连续化揉捻机、连续长板式扁形茶炒制机、多功能茶鲜叶前处理机[①]。目前浙江全省共有规模茶机企业50多家，茶机产量占全国的70%以上，为茶叶生产机械化提供了坚实的装备支撑[②]。

---

① 甘宁，孙长应，张正竹，2018. 我国茶叶加工机械研究进展［J］. 中国茶叶加工（2）：31-37.

② 陆德彪，应博凡，马军辉，2016. 浙江省茶叶生产机械化现状与发展思路［J］. 中国茶叶加工（1）：9-14.

第二节 中国茶机之都

如果想了解中国茶叶机械的发展，可从衢州茶机制造业的发展史开始。

“20世纪70年代末80年代初，特别是全国第一台小型名茶炒制机在当时衢县横路公社试验成功以来，衢州茶机制造业发展从单机研发，到成套装备制造，再到智能化、数字化生产，历经三次跨越，呈现稳中向好的发展态势，迈入高质量发展的新阶段。”时任衢州市副市长吕跃龙在“中国茶机之都”的品牌推荐会上，介绍了衢州茶机四十年的发展历程。他提出，站在新的起跑线上，衢州坚决扛起“中国茶机之都”的使命担当，继续深耕茶产业，大力推进茶机、茶叶、茶油、茶具“四茶”联动，为新时代中华茶产业发展贡献衢州智慧和衢州力量。

茶产业的发展和壮大，离不开茶机的有力支撑和保障。在全面实施乡村振兴战略的大背景下，茶机行业发展潜力巨大、前景无限。机械化、智能化、装备化是茶产业发展的大势所趋。衢州，目前是中国名优茶机械加工制造的最大生产地区，也是国内率先尝试走数字化转型智慧化发展道路的区域，推动茶机生产由“制造”向“智造”转型已成为“中国茶机之都”质量发展的重要依托。

为了进一步推动中国茶叶生产机械化进程，着力推动茶叶加工机械生产标准化、规模化、智能化发展。在推介会上，衢州还发出了成立中国茶机产业联盟的倡议。以联盟为基础，共同开展中国茶叶加工机械基础研究，着重突破茶叶加工领域的瓶颈问题；在全国范围内，推行茶叶加工机械的规范化，推进茶机行业标准化，进一步提升茶叶加工机械的自主化、连续化、智能化水平；守住茶叶质量安全底线，倡导清洁化发展方向，确保茶机质量安全；保护知识产权，推行有序市场竞争公约；积极服务茶企茶农，做好售后服务工作，为美丽经济幸福产业、数字经济智慧产业贡献力量。

衢州的茶机制造业发展历史，最早可追溯至改革开放以前。1972年，时任衢县县委副书记的谢高华主持制定了《衢县一九七三年到一九八零年农业发展规划》。规划中提出，在原有3万亩茶园的基础上，3年内新发展茶园2万亩。而当时衢州的茶叶加工仍依靠柴火灶，炒一斤茶需要消耗六七斤柴火。出于生态考虑，在规划制定后，谢高华前瞻性地提出“以电代柴”的思路，为茶机制造业发展奠定基础。

1977年，衢县农机厂与浙江大学茶学系联手研发茶机，课题成果获得当年浙江省科技进步三等奖。20世纪70年代末80年代初，在浙江大学电工研究所专家汪培珊的指导下，我国第一台小型名茶炒制机在横路公社贺邵溪大队西垄口试验成功。“横路公社造出了炒茶机，用电炒茶，这事在当时轰动一时，附近村民争相参观学习。”横路办事处贺邵溪村村民程新木曾参与炒茶机试验，现在仍能忆起当年盛况。

此后，衢州茶机制造业不断发展，经历了茶叶加工单机研发、成套加工装备提升和清洁化流水线创新的三次飞跃，目前已具备自主知识产权的八大系列、190余种规格型号的茶机产品。衢州也因此成为全国茶机行业最大的研发和制造企业集散地，获得了100多个国家专利授权。仅国内首条连续化抹茶生产线就获得19项国家专利，其中5项发明专利，弥补了此前我国抹茶生产线完全依赖进口的短板。

那么，衢州是如何成为中国茶机之都，如何从一个传统的茶叶生产产区发展为茶机生产制造和研发创新区域呢？衢州茶机产业的发展，与当时开化龙顶名优茶恢复试制成功有莫大的关系。在讲述这种伴生发展的紧密关系前，我们先来了解开化龙顶的炒制技术，描述在生产过程中不同机械的使用。

开化龙顶茶的加工技术分为手工炒制和机械炒制。手工炒制的流程包含采摘、摊青、杀青、轻揉搓条、初烘勤翻、整形提毫、低温焙干。而机械炒制的流程包含采摘、摊青、杀青、揉捻、理条、烘干、提香等。我们可以发现在加工环节中所使用到的机械包含了杀青机、鼓风机、揉捻机、理条机、烘干机、提香机等机械。而在绿茶生产机器系列中，理条机是推进整个衢州茶机产业发展从0到1的开端。理条是使茶叶在热力和机械力的作用下，达到散失水分，整形理条的作用。共分为三次理条，第一次理条时揉捻叶需摊放30分钟左右，才可进行理条，采用8槽或11槽理条机，机器温度在160～170℃时投叶，投叶量为1～1.1千克，转速为190～200转/分。进条时间4分钟左右，茶叶条索显直，色泽翠绿鲜活，抓捏茶叶有触手感并能散开，就可出茶，出茶的速度必须快。出锅后的茶叶迅速抖散，散热通风，摊放回软后进行第二次理条。此时，理条机温度为120～140℃，转速160～180转/分，理条投叶量为1.5千克左右，理条时间8～10分钟。理条程度为条索紧结，色泽翠绿显毫，手捏有刺手感，即可出机，茶叶出机后迅速抖散，摊放回软后进行第三次理条。此时理条机温度为60～80℃，转速160转/分左右，投叶量1.5～2千克，理条时间25～30分钟。理条程度为条索紧结，略有眉毛弯，色泽翠绿有光泽。茶叶出机后，摊放半小时左右，再进行后续加工环节。

名优茶生产与大宗茶生产不同，为了精品化，当年的名优茶加工全靠手工，劳动强度大，生产成本高，效率低，茶农得益少。于是，机械制作开化龙顶茶的念头就应运而生。

当时，衢州市茶叶学会理事长洪永贵、高级农艺师周光林和芮章龙、农艺师王成矩等科技人员都是开化龙顶名茶制作专家，上洋机械聘他们为名优茶加工技术顾问。企业每生产一种新的茶机，学会派专家参与样机的设计、试制和上百次的反复试验、改进。机制开化龙顶名茶，就成为衢州茶机产业“处女作”。1993年学会和企业成立“机制开化龙顶试验和应用”课题协作组，通过三年的反复试验和探讨，总结出一套机制开化龙顶茶加工工艺，并在生产中推广应用。机制开化龙顶茶具有色泽翠绿、汤色碧绿、叶底嫩绿的“三绿”特色，品质高于手工炒制的名茶，而且碎末茶减少，增加茶叶的成品率。名优茶机制的成功，为茶农降低生产成本达60%，大幅度减轻茶农的劳动强度，功效提高六倍，每生产1千克名茶，茶农可增收45元。该课题研究成果，还荣获了1997年浙江省政府星火三等奖。机制开化龙顶茶的工艺研制成功后，为衢州向全国推广茶机提供了极大的信心。

第三节 创新的衢州茶机

茶叶机械，目前在衢州已经形成产业规模，有50多家企业从事茶叶机械生产。其中不乏佼佼者，如上洋机械、红五环机械，均已成长为茶机产业的领头羊。关于衢州茶机产业的发展，必须要提衢州市茶叶学会，其在技术指导、产业引领上，都起到了重要的作用。学会和企业，各司其职，共同推进了产业发展。

衢州市茶叶学会现有会员50人，分别从事茶叶生产、加工和营销工作，是一个技术力量雄厚，集产供销为一体的茶叶学术团体。浙江省衢州上洋机械有限责任公司（简称上洋机械）原是一家小型机械加工厂，在茶叶学会原秘书长张松耀的启发和帮助下，开始生产第一台名茶加工机械，企业命名为衢州市微型茶机厂。随着企业的不断发展，1999年更名为衢州上洋机械有限责任公司。现有4家分厂，20多家零部件加工协作厂，60多个国内销售网点，目前已是中国著名的茶叶加工机械专业制造企业。

上洋机械就位于衢州城内，作为一家重型机械生产企业，厂区内洁净透明，秩序井然有条。上洋机械的宣传语为“上志远，洋无境”，宣誓了企业伟大的发展目标。成立于1988年的上洋机械，目前已经发展为一家专注于茶叶加工机械研究、开发、生产及销售的高科技企业。占地总面积90余亩，建有4 500多平方米的科研办公综合楼和34 000多平方米的生产厂房，建设总投资超亿元。实现了产品从单机研发，成套加工装备提升，向连续化、清洁化、智能化生产线发展的三次飞跃。产品畅销全国20多个产茶省区，并迈入国际市场。如今的上洋机械已经改制为股份公司，成为一家上市公司。

接待我们的是上洋机械的董事程玉明先生，程玉明是创始人，见证了整个上洋机械，乃至衢州茶机产业的发展。多年的创业经历，让他依旧保持着鲜活的工作动力和创新激情。程玉明是龙游人，对衢州有深厚的感情。在他的职业生涯前期，从事过电影放映员，煤矿机械厂供应员、调度员，农机厂厂长等多种职业。1994年开始带领上洋机械，大力发展茶机产业。

世界上有54个产茶国，其中52个国家生产红茶。英国本身不产茶，但是一个立顿品牌，已经做到了相当于整个绿茶产业的产值，产值比我们国家还大，这就是品牌优势。上洋现在是国内茶叶机器的领头羊，我们要做自己的民族品牌，打造民族茶叶加工机械脊梁。

毛主席曾提出“农业的根本出路在于机械化”，茶产业的根本出路在于装备化，装备发展要以茶叶品质提升为目标。目前国内茶叶情况是劳动力短缺，尤其春茶季十分缺人，浪费了很多资源。现在全国大大小小有76 000家茶厂，茶产业正在向规模化发展。今后，茶农可以不再做茶，只要提供鲜叶原料，有专门的加工机构生产制作。

在茶叶的市场中，有一种广泛存在的误解，手工炒的茶比机器做的茶更好。人们对于手工炒茶的消费追求，大抵源于对传统手工技艺的文化膜拜。不过，随着机械产业的进步，从鲜叶到干茶的生产已经更趋向智能方向，手工茶与机制茶的品质差距正在缩小。

茶叶生产的关键在于茶叶自身，每种茶叶有自己的特殊性，内涵品质，以及各种工艺。这对机器加工是个大难题，按照常规的流水线，做不出风味，也违背了它的工艺特点。再加上我们传统的工艺是从外到内的脱水，第一道杀青工艺要杀活性酶。如果按照传统的工艺去做，会很容易焦边爆点。所以，我们研发时的思路就是从内到外的脱水，采用微波杀青。

茶叶色香味形的四大要求中，含水率最关键。第一道杀青时要失水12%～15%，第二道烘干要失水8%～12%。如果杀青环节，没有将失水率控制好，后面直接输送到烘干机上，会由于茶叶内水分太多，在烘干箱里，一下子就被焖坏了。现在日本有一种检测含水率的设备，价格很高，目前中国的茶叶加工中起码有五个加工工序，如果每个工序中加装一台，需要几十万的设备费，非常昂贵。所以，我们要研发自己的设备，降低生产成本。

衢州当地的开化龙顶是单芽茶，一芽一叶初展是名优茶的采摘标准，但是加工过程非常耗费人工。程玉明去安徽考察，看到安徽的茶农在加工过程中，使用棍子作为茶叶理条时的辅助工具，因此受到了启发。

当时看到安徽的茶农们是使用棍子来做理条，我看到后就知道了，这是利用棍子来回运动对茶叶进行理条造型的原理。如果我把电机嫁接在上面，就可以省去人力。

在程玉明的努力钻研下，第一代理条机就这样诞生了。这是上洋的第一台机器，为名优茶产业发展做出了巨大的贡献，如今理条机已经成为每个茶叶生产企业的必备机器。上洋茶机从无到有，再到现在100多种茶机，在中国茶产业快速发展的进程中，有上洋机械的巨大推动力。而围绕上洋的发展，也带动了周边配套机械企业的发展，逐渐形成了衢州特有的茶机产业。

现在衢州很多茶机厂的工作人员都是上洋培养出来的，有搞营销的、搞生产的、搞技术的，分散到各地，形成了一个产业群。有些企业就做单机，比如只做理条机或者炒干机。而上洋则重在创新研发。茶叶加工需要创新，要研究茶叶生产的自身工艺特点，要应用新材料，运用新的科技，尤其是加强智能制造。

作为茶机行业的先行者，上洋茶机之前并不从事茶机生产，而是从事矿山机械的生产。在接触了开化龙顶茶之后，了解到茶叶领域中机械的匮乏，从而开始研发茶叶机械。茶叶生产领域的专家，成为他们的启蒙老师。为了研发机器，他们跑到开化的大龙山，向周冠霖请教开化龙顶茶生产中的重要加工环节，为了提高效率发明了双锅理条机。

那真是热火朝天的年代，我开始做茶机时，晚上都不知道睡觉，就一心钻研。做完后，拿着炒出来的茶叶，再跑去大龙山做比对。一点一点地调整问题，最终发明出了双锅理条机。

我是老三届，喜欢做设计。一开始在机械厂工作，当时工作的这个机械厂是衢州煤矿机械厂，衢州很多机械行业的人都是这里培养出来的。在机械厂时，我就学铣工。年轻人要实在要有技术，要投入精力去认真钻研，做出精神。我从创业到现在，都很强调人要有精神，要为产业发展努力。时代在发展，机械创新要跟上。网络经济时代，要关注大数据分析。

做茶机，首先要懂茶理，才能有机理。20世纪80年代的衢州，正是全面复兴历史名优茶的时期。开化龙顶、江山绿牡丹，相继获得全国的名优茶品质奖项，于是对于名优茶的市场追求开始兴盛。手工炒制量少，无法满足市场需求，此时上洋机械抓住了时代契机，将矿山机械中积累的丰富机械制造经验，结合茶叶生产工序的特点，研发出了制茶机械。

当我们研发出一款新产品后，就会有很多人来模仿。不过，我们一直在创新，依靠科技领先一步。到今天，我们依旧以科技为主要核心，每年

都出新产品。从理条机械到杀青机械，再到整体生产线，并将产品出口到其他国家，靠的就是自主创新。2011年，印度的茶叶生产量很大，靠锅炉炒不现实，我们就出口了热风杀青机，逐渐开拓海外市场。

1992年，上洋机械带着他们研发的理条机，在全国性展会上亮相，迅速被市场认可。在发展的历程中，理条机是衢州茶机产业从0到1的开始，通过茶叶展销会的亮相，被大家所了解。1998年，根据不同生产规模、不同生产茶类的要求，上洋又成功地研制了中、小型大宗茶成套机械和大宗茶初精制机械，还有"乌龙茶""银杏茶""苦丁茶""绞股蓝茶""杜仲茶"等配套工艺设备，主要产品有锥筒杀青机、乌龙茶综合做青机等机器，而后，从1到10的实现了机器民用造的出路。毛主席曾提出"农业的根本出路在于机械化"，这句话也是我们在走访时，程玉明反复强调的一句话。

名茶制作过程中杀青是关键，目的是用高温破坏鲜叶中氧化酶的活性，阻止茶多酚的酶促氧化以及叶子内含物质不必要的变化，使叶质变软，便于下一道工序，促进茶叶香气的形成。常规名茶在制作过程中杀青工艺采用锅炒杀青和小滚筒杀青两种方式，这种传统杀青的优点是名茶香味较好，缺点是对雨水叶、夏秋茶杀青不理想，容易出现杀青不透、粘锅、产生焦味、断碎、整体叶底不够翠绿等问题。2002年上洋机械研发出了汽热杀青机，在开化十里铺茶场进行试验。试验成功后进行推广，用汽热杀青机替代传统的炒锅或小滚筒杀青机。汽热杀青既融入了日本蒸青茶的优点，又继承了我国传统绿茶的色、香、味、形的特色，博采中日两国绿茶之长，集快速杀青、脱水、冷却于一体的优点，克服了绿茶常有的烟焦味、青涩味和绿茶不绿等缺点，解决了叶片断碎，叶底青张、结块等问题，并能有效降低夏秋茶苦涩味，使滋味醇和。制成的精品名茶外形色泽、茶汤色泽、叶底色泽都比较翠绿。

2003年，上洋机械又生产出了第一台茶叶提香机。通过多次反复的试验，筛选出提香最佳技术路线为：加工后的名茶在常温下存放一星期以上，再使用提香机，温度掌握原则为"低—高—低"，即低温（50～60℃）—高温（130～140℃）—低温（50～60℃），提香时间为15～25分钟。常规名茶提香用电炒锅或滚筒杀青机提香。电炒锅手工炒制提香，香气虽好，但茶叶容易断碎，茶条弯曲；滚筒杀青机提香由于时间短，香气不能持久。采用提香机的优点是提高茶叶香气，而且香气持久。

名优茶机械的研发难度大，需要不断地创新投入。当时大部分精制设备的创新程度不高，主要沿用传统机型或在传统机型上局部调整优化，存在噪声大、难调控、多粉尘、低工效等问题。针对传统精制机械在筛分时容易出现毛茶挂网、噪声和粉尘污染等问题，上洋机械设计了几款平面圆筛机和抖筛机。平面圆筛机的筛网底部设计了一对平行的无杆气缸，其活塞上固定塑料刮刀，当活塞做往复运动时带动刮刀，可以刮去挂网的茶条，并且采用弹性万向接头和摆杆增加了承受质量，降低了噪声，同时整机密封，减少了粉尘外泄；抖筛机在其两层筛网之间安装弹球，在运作时，弹球会击打上筛网使挂网的茶条重新抖落，并且采用橡胶摇杆式驱动机，运行平稳，降低噪声，同时也整机密封，减少粉尘。

由于茶机产业的快速发展，到2004年衢州全市已经推广名茶机械3 420台，机制名茶生产量1 830吨，机制率达94%，创产值2.5亿元。2011年汽热杀青机出口印度，让上洋机械扬名海外。2017年，上洋股份成为新三板上市公司。在时代发展的历史脉络中，每个时间节点都对应了茶叶产业发展的关键点。

如今，为了适应茶叶产业化和集约化加工的发展需求，近几年茶机的研发重点转向了茶叶加工连续化生产线。这些单机和机组不仅应用了诸如微波、远红外线、计算机控制等众多高新技术，并应用了液化石油气、天然气、柴油、电、生物质等多种新型燃料，实现了连续化和清洁化。

程玉明先生虽已70多岁的高龄，但他仍在钻研如何创新茶机，开拓茶机市场。目前，正在思考的是如何结合茶文化旅游市场的发展，研发出一种微型一体机，针对旅游休闲领域。真正是生命不息，创新不止。

第十篇

茶 具 篇

第一节 中国白瓷与婺州窑

衢州人喝茶，爱用一种白瓷茶具，称为“衢州莹白瓷”，是我国四大白瓷之一。素有“薄如锦，洁如玉，滑如脂，明如莹”的美誉，以瓷质细腻、釉面柔和、透亮皎洁，似象牙又似羊脂白玉而闻名遐迩。

中国白瓷，又称“中国白”，是中国传统瓷器中的一种[①]。一般是指瓷胎或化妆土为白色、表面施有一层薄而透明釉的瓷器。白色瓷器的产生和发展是人类对白色审美需要的结果，而中国白瓷的发达除了瓷器生产技术的原因以外，以白为贵、以玉为德是一个很重要的原因。白如玉、温润如玉是中国历代瓷器的追求。唐人赞美邢窑白瓷是“如银似雪”，宋人赞美景德镇青白瓷为“饶玉”。

东汉时期，原始青瓷问世。白瓷，出现于南北朝后期，比青瓷晚约400年。虽然湖南长沙东汉墓已出现早期白瓷，但学术界一般认为我国白瓷约产生于6世纪北朝的北齐时期（550—577），代表就是河南安阳北齐武平六年（575）范粹墓出土的一批早期白瓷。

邢窑是中国最早的白瓷窑址，是唐代七大名窑之一，有中华白瓷鼻祖的美誉。邢窑创烧于北朝晚期，经过隋朝的飞速发展，到唐朝已达到鼎盛

① 中国传统瓷器，包含了青瓷、黑瓷、白瓷、红瓷、蓝瓷、彩瓷等品种。

阶段，于唐末五代时期衰落，成为我国早期白瓷生产的中心。唐开元时，邢窑和越窑一青一白并驾齐驱，获得“南青北白”的美誉。唐代陆羽《茶经》中有这样一段描述，“邢瓷类银，越瓷类玉，……邢瓷类雪，越瓷类冰，……邢瓷白而茶色丹，越瓷青而茶色绿”。

自唐以后北方大部分烧造白瓷窑场崛起，诸如河北的定窑、磁州窑、井陉窑，山西的平定窑，以及内蒙古的赤峰窑，都是受邢窑的影响发展起来的。杜甫曾写过一首诗称赞大邑窑白瓷，“大邑烧瓷轻且坚，扣如哀玉锦城传。君家白碗胜霜雪，急送茅斋也可怜”。在诗里，杜甫认为白瓷“轻且坚”“胜霜雪”，可见当时白瓷制造已经达到了相当高的水平。唐代之后，以生产白瓷闻名于世的邢窑，由于战乱而没落。同样以烧制白瓷为特色的定窑迅速崛起，并取代了邢窑的地位，成为“宋代五大名窑”之一①。

定窑的器物造型、工艺特点与邢窑基本相同，素有“邢定不分”之说。定窑在继承邢窑白瓷先进的传统工艺基础上开拓创新，发展了刻花、划花、印花、镶金边、上金彩等艺术，创出了多种陶瓷新品种。经过五代，直到北宋的发展，在艺术上取得了巨大的成就，因而成为宋代名窑。

唐代对白瓷的白度要求很高，因此在部分较粗的瓷胎上，先施化妆土，以增加烧成后的白度。到中、晚唐时已多数采用高质量的坯料，因而减少或不用化妆土加工瓷胎，其精品已达体薄釉润，光洁纯净的地步。五代时期，白瓷生产仍以北方为主，唐代窑场大多继续烧造，其中规模最大的是曲阳窑、鹤壁窑、耀州窑和玉华宫窑等。晚唐、五代墓中多次发现带有“官”字款的白瓷，其中多数应属河北曲阳窑及辽白瓷。

景德镇五代窑址是南方地区已发现的最早白瓷产地。宋代白瓷以河北曲阳的定窑为代表，山西介休、盂县、平定和阳城窑也都生产白瓷，四川彭县窑的仿定窑瓷，曾有人误认为是唐大邑窑。此外，河南地区某些瓷窑在烧制白地黑花器的同时也在生产白瓷。泗州窑和宿州窑在南宋初期已有

① 宋代五大名窑是汝窑、官窑、哥窑、钧窑、定窑。其中，汝窑为五大名窑之首，主产青瓷，位于河南汝州；官窑是官府直接管辖的窑厂，所产瓷器多为素面；哥窑瓷器拥有极为特殊的开片；钧窑瓷器颜色丰富、纹路特别；定窑则是五大名窑中唯一生产白瓷的。

仿定器的制作。福建德化宋代亦曾烧造白瓷。元代纯白瓷的制作已趋于低潮，景德镇枢府器卵白釉的烧制成功，对明代白瓷的成就有很大作用。明永乐时期的甜白釉是白瓷史上的最高成就。但由于青花瓷器和斗彩的盛行，纯素白瓷的制作已渐趋低落。除景德镇外，福建德化的白瓷在世界享有极高声誉，其色泽光润明亮，乳白如凝脂，在光照之下，釉中隐现粉红或乳白，因此有“猪油色”“象牙白”之称。

白釉是瓷器的本色釉。一般瓷土和釉料，都或多或少含有一些氧化铁，器物烧出后必然呈现出深浅不同的青色来。如果釉料中的铁元素含量小于0.75%，烧出来的就会是白釉。古代白瓷的制作，并不是在釉料中加进白色呈色剂，而是选择含铁量较少的瓷土和釉料精制加工，使含铁量降到最低的程度。这样在洁白的瓷胎上施以纯净的透明釉，就能烧制白度很高的白瓷。

白瓷又包含甜白釉、青白釉和象牙白。甜白釉是永乐窑创烧的一种白釉。由于永乐白瓷制品中许多都薄到半脱胎的程度，能够光照见影。在釉暗花刻纹的薄胎器面上，施以温润如玉的白釉，给人以一种“甜”的感受，故名“甜白”。甜白釉在清代还有烧造。康熙甜白釉有奶粉般的色泽，白而莹润，无纹片，也称奶白。青白釉又叫影青，它是景德镇窑在北宋初中期的独创。青白釉含铁量低，釉色白中泛青，故称青白釉。南宋时青白釉瓷器产量激增，以景德镇为中心形成了一个南方青白瓷系。除景德镇外，安徽、福建、湖北等地都有烧青白釉瓷器的窑场。早于明清时期德化白瓷就以其特有的“象牙白”“中国白”闻名中外，它的釉色白如凝脂，瓷胎紧密，透光极其良好。德化白釉为纯白釉，而北方唐宋时代的白瓷釉则泛淡黄色。元、明时代景德镇生产的白瓷是白里微微泛青，与德化白瓷有明显的区别。

而衢州的莹白瓷则略带微黄，瓷质细腻、晶莹玉润。主要原料是高岭土、瓷土、石英和长石。瓷土含有微量的锆，而且含量适中，微量的铁和锆在高温烧制过程中发生混合反应，形成了特有的微黄色。

衢州莹白瓷起源于唐宋，产自鼎盛一时的婺州窑，距今已有一千多年历史。那么，婺州窑又在何处？有何工艺和审美特征呢？

婺州窑一词最早出现在唐代陆羽所著的《茶经》一书中，后有《景德镇陶录》沿袭《茶经》说法，称“婺窑即唐时婺州所烧者，今之金华府是也”。浙江是瓷器的发源地，隋唐时期是浙江窑业发展的高峰，以越窑为主，包括婺州窑、德清窑、瓯窑等窑口。从区域分布看，这些窑口可以划分为沿海与内陆两大类型。沿海型主要包括越窑与瓯窑，沿海岸线布局，生产规模庞大、产品种类丰富、质量高超，代表了这一时期最高的制瓷水平，广泛见于国内外的遗址、墓葬与沉船中，远及东非。内陆型主要包括婺州窑与德清窑，生产规模较小，产品种类较少，区域特征明显，多售卖到当地，区域外极少见。

实际上，在唐朝及唐朝以前，婺州窑就影响、规模来说仅次于越窑[①]。婺州窑位于今浙中西部的金华地区，分布范围较广，是典型的民间窑业系统。大多分布在金华地区，主要集中在金华、武义、东阳、义乌、衢州等地。据文献记载，金华地区建置较早，春秋战国时属越地，秦汉时归会稽郡，三国时为东阳郡，至唐初改郡为州，称婺州。唐代各地窑场常以州名命名，故将婺州境内的窑场称为“婺窑”或“婺州窑”。

婺州窑是唐代六大青瓷产区之一，主产青瓷。在浙江地区，有三大青瓷窑场群，分别是德清窑、越窑和婺州窑。因此，对于浙江青瓷窑体系而言，婺州窑有着非同一般的意义。历史上人们将婺州窑和越窑称作姐妹窑，所以在中国陶瓷历史上，婺州窑承担着非常重要的角色[②]。

婺州窑烧制出成熟青瓷的时间，最早可追溯到东汉时期，发展于魏晋南北朝，鼎盛于唐宋，衰弱式微于元末明初。20世纪50年代以来，文物主管部门对各地的婺州窑遗址进行反复调查，共发现古窑遗址600余处，时代自汉至明，其窑址数量之多、生产年代之长，在我国的瓷窑中是罕见的[③]。在烧造丰富的日用瓷器产品外，也制作大量冥器。如五联罐、谷仓、蟠龙瓶、堆纹瓶等[④]。魂瓶也是婺州窑的产品之一，浙江衢州出土魂瓶最早是汉

① 何钦峰，2019. 婺州窑的釉色及装饰初探［J］. 文物鉴定与鉴赏（18）：42-43.
② 江小建，2020. 浙江婺州窑青瓷艺术的传承与发展［J］. 中国民族博览（10）：1-2.
③ 陈新华，2014. 婺州窑和龙泉窑的发展与渊源关系［N］. 中国文化报，12 -18.
④ 雷国强，2017. 婺州窑堆塑艺术鉴赏［N］. 美术报，5 -6 .

代，汉以后至唐历代都有发现，但数量较少，到了宋代又十分常见，这一现象很可能与这一时期的葬俗有密切关系[1]。

唐代时，婺州窑以生产茶碗闻名，婺州窑之名也因《茶经》而著名。自唐代始，饮茶之风开始普及南北，流行于社会各阶层。茶具的发展是跟随着饮茶的方式变革而发展的。唐饮茶之风的普及，极大地刺激了婺州窑的生产，为满足和紧跟当时茶具消费市场的需要和发展，婺州窑开始生产和烧造大量的茶具产品。陆羽在《茶经·四之器》中就茶碗泡茶呈色效果上，将婺州窑的青瓷碗排在了第三位。"碗，越州上，鼎州次，婺州次，岳州次。"碗，供盛茶饮用之器。在唐代文人的诗文之中，更多的称茶碗为"瓯"[2]。

中唐时期的婺州窑风格上区域性特征明显，胎色较深，露胎处呈紫红、土黄色等，表面粗糙，夹杂有较多的细砂粒。内外施釉，外腹一般不及底，产品仍以青釉为主，亦有少量酱褐色釉。装饰基本为素面，沿用褐彩，但手法上有所变化，从早期的杂乱多演变成少量的块斑状对称装饰。这时新出现了乳浊釉瓷，从龙游、衢州等地窑址采集的标本来看，产品釉色以月白为主，釉层比同时期青瓷稍厚。

金衢盆地位于浙江中西部，属半山区，这一带的地理环境、山脉、水系、植被、土矿资源、降水、气候等条件与面向海洋的浙东地区差别较大。婺州窑用红土粉砂为主要的胎体成分，并且以高钙灰为基本釉料。为了掩盖胎质较粗的缺陷，成熟运用了化妆土技术，化妆土可使比较粗糙的坯体表面光洁，并使胎质较暗的灰色或深紫色得到覆盖，这样烧成后的釉面清亮、滋润，增加产品的美感。婺州窑的主流产品是青瓷，但由于原料的原因，无法生产纯粹的尚青单色釉。为了求得发展，只能想尽办法生产其他品种的产品，在对窑业文化和制瓷技术的吸纳上兼容并蓄，乳浊釉瓷的创烧极具地方特色[3]。现已发现婺州窑中最早使用化妆土的是衢州龙游县西晋元康八年墓出土的几件瓷碗，这些瓷碗的坯体表面均施有一层奶白色化妆

---

① 柴福有，2015. 浙江衢州婺州窑系堆塑魂瓶赏析［J］. 文物鉴定与鉴赏（5）：21-27.

② 雷国强，2017. 唐代茶饮及婺州窑茶碗鉴赏［N］. 美术报，7-29.

③ 王轶凌，郑建明，2015. 隋唐时期浙江地区窑业的时空特征［J］. 东南文化（2）：82-88.

土。使用化妆土固然可以使瓷器触感光洁，釉色青翠，但化妆土的淘洗和刷制为瓷器烧造增加了工序，且施用化妆土会使瓷器的胎釉结合不紧密，从而更易产生釉层剥落现象，因而在南朝后，婺州窑减少了化妆土的使用。

过去，学术界认为婺州窑仅指金华市附近古方镇出产的瓷器。新中国成立后，随着考古调查和发掘的不断开展，周边地区不断出土一批婺州窑瓷器。1982年，朱伯谦在《隋唐五代的陶瓷》一文中介绍了婺州窑的分布、出土遗迹和典型器物。贡昌先生是婺州窑研究的奠基者，参与调查和发掘了大量的婺州窑遗址，并形成完整的调查发掘记录。他调查的窑址几乎覆盖了整个金华地区，包括兰溪、武义、东阳、义乌、永康、衢州、江山等地。1983年，衢州市上叶窑和龙游县方坦窑被考古发现，遗址年代为唐早期。1983年，在衢县进行文物普查时发现了大川乡窑、湖南乡窑、白坞口乡窑三处窑址群。1984年，金华地区文管会会同衢州市文管会对衢县尚轮岗彩绘瓷窑进行考古调查，遗址的年代为北宋晚期到南宋。1985年，衢州市文管会对衢州大川乡进行文物普查时发现了一处生产乳浊釉产品的窑址，命名为管家塘窑山窑址。1988年，浙江省文物考古研究所会同衢县文物管理委员会对衢县两弓塘绘彩瓷窑进行发掘，遗址年代为元代。1992年，浙江省文物考古研究所会同江山市博物馆对江山市碗窑村坝头、龙头山、桐籽山3处窑址进行抢救性发掘。迄今为止，共发现了600多处婺州窑遗址。根据各窑址的地理位置、出土瓷器的器物特征以及各县市的地理特征，将婺州窑分布划分为五大区域，即金华、兰溪地区，东阳、义乌地区，武义、永康地区，衢州地区（含江山市、龙游县），江西玉山地区。其中，衢州地区发现的婺州窑遗址有如下一些。

龙游白羊垅东汉窑，系东汉窑址。2004年，浙江省考古所对位于龙游县白羊垅的一处窑址进行发掘，出土一条汉代斜坡式龙窑。出土遗物以硬陶为主，兼有少量釉陶，器形主要有罐、壶、坛等，器物表面粗糙，少量残片上的釉质已接近青釉。

衢州市上叶窑，年代为唐早期。1984年，贡昌先生等人对衢州区域窑址进行复查时发现。窑址位于衢州市沟溪乡上叶村，此处原为一大窑群，现仅存三座窑址。采集到碗、壶、罐等器物标本，其中碗的标本数量最多。

釉色以月白色乳浊釉为主，同时发现少量天青色和天蓝色釉，釉质较厚。

衢州市姚家窑，年代为唐代早期。该窑址位于衢州市河东乡西部丘陵。采集到的标本多为大型器物，有碗、盘口壶、缸等，施青色釉，此外也发现了少量褐色釉瓷。

江山市达垄窑，年代为唐早期。该窑址位于江山市西南处。采集到的标本有碗、钵、瓶等，器物釉色为青中泛黄，施釉不及底。此外，还出土了一件乳浊釉瓷碗。

龙游县方坦窑，年代为唐早期。1984年，贡昌先生等人对衢州区域窑址进行复查时发现。窑址位于龙游县上圩头方坦村，共发现三座窑址，从南到北排列。采集到的标本有碗、壶、罐等，釉色以月白色乳浊釉为主。

江山市鹿来窑，年代为唐代中晚期。位于东达河乡鹿来村。出土器物有碗、钵、罐、盘口壶等。釉色为黄绿釉，偶见褐彩，标本中有乳浊釉瓷。

衢州尚轮岗彩绘瓷窑群，年代为北宋晚期至南宋。1984年，金华地区文管会会同衢州市文管会对衢州全旺乡境内窑址进行调查，发现了一处彩绘瓷窑群，位于衢州尚轮岗村附近。该窑群窑址众多，包括冬瓜潭窑、沈家山窑和白岩坞窑等。其中，冬瓜潭窑采集到的标本质地较好，器物种类丰富，以壶、执壶为主，釉色既有青釉，也有彩绘釉。从窑群总体来看，尚轮岗窑址以生产壶、执壶、罐、钵等器物为主，器物体型较大，小型器物烧造较少。釉色方面，以青釉和青褐色釉为主，兼有少量彩绘釉、黑釉。

陈家庵窑，年代为宋代，位于江山县东南。出土文物有韩瓶、罐等。器物施黑釉、青绿色釉，亦有乳浊釉瓷器出土。

衢州两弓塘绘彩瓷窑。1988年春，浙江省考古所对衢江诸水系进行复查，于衢州两弓塘发现一处大窑址群，共有窑址7座。同年9—12月，省考古所对1号窑址进行发掘。1号窑址属于斜坡式龙窑，依山而建，方向朝东。发掘出土的器物中，碗、盆、钵、壶、瓶、罐等器物的数量较多。釉色包括单色釉和彩绘釉两类，其中，单色釉以青釉、褐釉、黑釉为主。两弓塘1号窑址的年代为元代。

衢州大川乡窑址群，年代为元代。1983年，季志耀先生等人对大川乡进行文物普查时发现。该窑址群共有三处窑址，即大珠村广坞窑址、庭屋村管家塘窑址、前林村窑山窑址。大珠村广坞窑址位于大川乡东，采集到的标本有碗、罐、瓶、壶等，器物釉色有青釉、青绿釉、黄褐釉等。

庭屋村管家塘窑址。位于张村西塘和庭屋村交界处，采集到的标本有碗、盘、壶、瓶、罐等，釉色有青釉、青黄釉、青绿釉、褐釉、黑釉等，此外还发现有天蓝色乳浊釉。

衢州湖南乡窑址，年代为元代。该窑址位于湖南乡湖南村，发现一圆形淘洗池。采集到碗、罐等器物，有些器物底部有印章。釉色有青釉、褐釉、青黄釉。窑具只有支垫一种，呈喇叭形。

衢州白坞口乡窑址群，年代为元代。该窑址群规模较大，包括大麦地坞窑、包鲁山窑、泥塘窑三处窑群，在窑群附近发现有淘洗池、沉淀池及作坊遗迹。其中，在大麦地坞窑址采集到的标本有罐、壶、瓶、碗、盘、碟等。这些器物胎粗体重，瓷胎呈青灰色，窑具仅见支垫。

大坝边窑，年代为元代，位于江山市大坝边村东南处。出土标本有碗、盘等，施青釉或褐釉，此外，还发现了三件乳浊釉瓷标本。

达埂山窑，年代为元代，位于碗窑村西。出土标本有碗、盘、高足杯等，釉色有黑釉、乳浊釉。

前窑山窑，年代为元代，位于碗窑村南。出土器物有碗、盘、钵、执壶、灯等。釉色有天青色釉、青绿色釉、褐釉，此外，还发现了乳浊釉瓷①。

江山市碗窑村的碗窑遗址就有十几处，大多集中在前坞窑址以及龙头山遗址两地。前坞窑址以烧制青瓷为主，其中夹杂了部分青白瓷以及少量黑瓷。龙头山遗址发现的青白瓷呈现出胎色细白的特点，器形以壶、炉、灯、盒为主②。

明末清初，随着浙江的龙泉窑及江西的景德镇窑生产出更纯净、更细腻的青花白瓷，婺州窑在原料和技术上的弊病开始显露出来。后来，景德镇和龙泉由于制窑工艺卓越，被设置为官窑制品地，使婺州窑受到了极大

① 唐易超，2020. 婺州窑研究［D］. 南京：南京大学硕士毕业论文.

② 毕旭明，2018. 婺州窑青白瓷的审美分析［J］. 文物鉴定与鉴赏（11）：14-15.

的打击，在两大官窑的强劲压力下，浙江婺州窑作为民窑很难生存，渐渐呈现出衰落之势。随着婺州窑的不断衰微，有的婺州窑开始改烧白瓷，有的改行换业，整体数量越来越少，原本属于婺州窑的特色也渐渐没有了踪影。

第二节 衢州莹白瓷

衢州莹白瓷，是衢州白瓷中的精品，因其胎骨细腻精细，釉色滋润柔和，透亮皎洁，似象牙又似羊脂白玉而闻名遐迩，先后被评为浙江省非物质文化遗产、国家地理标志保护产品。莹白瓷起源于唐宋鼎盛一时的婺州窑。山东曲阜孔氏一族北宋南迁，定居衢州后，朝廷不断供应上等瓷器为孔氏南宗所用，同时带来了北方制瓷的精湛工艺，从此兼容南北制瓷工艺的衢州莹白瓷得到较快发展，至明代永乐年间已自成一体。由于衢州莹白瓷制作工艺独特，配方、工艺保密甚严，几乎没有发现文字记载，民间做法一般是父传子承，终因朝代兴衰，战乱纷起，衢州莹白瓷断代失传。

新中国成立初期，为了保障日常生活用品，当地政府组建了衢州瓷厂。1981在浙江美术学院、浙江轻工业厅的协助下，衢州瓷厂利用高岭石、瓷石、石英和长石为主要原料试制莹白瓷。经过原料粉碎、制浆、压榨，放入炼泥机中进行真空炼泥，形成半成品原料。然后输送到半成品车间，经过手工精心雕作，制成坯体成品，随后送到窑炉烧炼成莹白瓷成品[①]。衢州莹白瓷的特色是胎骨细腻坚致，釉面滋润柔和，呈牙白色。它的配方中 Al_2O_3 含量较高，K_2O+Na_2O 含量较低，烧成范围较宽。经中国科学院上海硅酸盐研究所进行的显微结构研究确定，莹白瓷的胎在显微结构上形成了比较良好的鸟巢状、英来石结构，因此具有较好的强度和耐热性。试制成功后，莹白瓷开始投入小批量试产、试销，深受外宾和侨胞的喜爱，在国内外形成了一定的影响[②]。1981年和1982年分别获得轻工业部和文化部重

① 罗兵，2009. 衢州莹白瓷洁白胜羊脂［N］. 中国质量报，12-10.

② 徐项芳，陈剑德，1982. 衢州莹白瓷通过鉴定［N］. 浙江科技简报，1-22.

大科技成果奖。1987年，衢州莹白瓷因成品率过低，每窑只有10%左右成品，几乎没有经济效益。衢州瓷厂系国有企业，舆论压力特别大，只好被迫停产。

这一段历史中有一个重要的经历者，那就是徐文奎。1955年出生的他，现在是浙江工艺美术大师，浙江省非物质文化遗产项目衢州莹白瓷代表性传承人。1971年2月初中毕业后，徐文奎进入衢州市瓷厂工作，五年后基本掌握了制瓷过程中有关原料加工、产品成形、晒坯等环节的要领。其间，先后被派到兄弟瓷厂、省轻工业厅、中国工艺美术学会、衢州技术学校（现市工程技术学校）等单位，全面学习各种与陶瓷有关的技艺和理论知识。通过系统的学习，掌握了莹白瓷从模型制作到窑炉烧成的各个环节要领。1979年衢州陶瓷厂开始研制莹白瓷，他担任莹白瓷研制组的技术员。

1996年，国有衢州瓷厂改制，当时莹白瓷项目也已停产。改制后的衢州市瓷厂经历了三次转让。转让前后的瓷厂都已不再生产莹白瓷，衢州坊间一些原先从瓷厂走出来的工人师傅，开始自发组织办厂，试图恢复衢州白瓷的瑰宝“莹白瓷”。可是，莹白瓷项目停产多年，想再恢复，谈何容易。1996—2000年，曾有人三次尝试恢复烧制莹白瓷，最后都因技艺生疏不过关而以失败告终。大家对莹白瓷重生几近绝望。

由于我的管理理念和当时国有企业管理方法有冲突，我于1991年离开了瓷厂。离开瓷厂后，我开过建材店，办过农资公司，做过大排档生意……也许我天生和衢州白瓷有缘。我一直不甘心空怀莹白瓷烧制技艺。2000年，我和妻子从亲戚朋友处筹得7万元，重操旧业。为了攻克高温变形和色差两大技术难题，提高衢州白瓷的精品成品率，我曾连着18天每天只睡两个小时，守着窑炉，不停地做试验，不洗脸、不刷牙、不刮胡子。当时衢州莹白瓷已停产十年，我终于又成功烧出第一窑衢州莹白瓷产品“象耳牡丹尊”。

1991年，徐文奎离开衢州瓷厂，但他仍旧难以割舍对衢州白瓷的深厚感情。2000年，他开始重新研制莹白瓷，投资创立了衢州火神瓷业有限公司。通过反复的研发与试制，在传统制瓷工艺的基础上融入现代高新烧瓷技术，解决了莹白瓷生产过程中色差和高温变形两大难题，使莹白瓷产品合格率和品质得到大幅提升（现在莹白瓷产品合格率已达85%以上）。

把莹白瓷恢复起来，成为这绵延千年的“衢州白瓷”最具光芒传人的念头诱使他回归。当时银行一听投资项目是莹白瓷就没了兴趣，因为当年就是因为莹白瓷成品率低而停产，其后又有人连续三次失败，社会对恢复莹白瓷生产已经不抱希望了，所以银行说什么都不愿意蹚这趟浑水。无奈之下，徐文奎夫妻俩只能从亲戚朋友处借钱。2000年1月18日，那个雪花纷飞的下午，在老巨化铁路边一处临时租来的废旧厂区里，徐文奎和叶珍四处奔波采购的设备和原料终于运到了。

办厂之初，第一要务就是尽量多做一些模子，设计各种不同造型。但是近十年没接触这行，手艺都生疏了。当年在瓷厂里只需两个小时就可完成的活儿，竟用了10多个小时才做好第一个，且歪歪扭扭不像样。“这第一个不像样的模子，保存至今。”徐文奎表示，好在这只是开始，后来慢慢地找回了感觉。

2000年4月，他凭借一己之力烧出了第一窑莹白瓷产品——象耳牡丹尊，洁白如玉，晶莹剔透。出窑后，徐文奎捧着它，爱不释手，积累许久的压力终于得以释放。

然而好事多磨，恢复生产后的莹白瓷并没有迎来想象中的热捧，一连过了五个月都无人问津。此时徐文奎的负债已经达到50余万元，心里的压力让他喘不过气来。“所幸妻子叶珍很贤惠，每天都劝慰开导我，天天陪我在厂区附近散步。可以说，南区的每一寸土地都被走遍了。”徐文奎回忆，知道回归路难，没想到这么难。

到了9月，终于出现转机。有客户听说了徐文奎在做莹白瓷的事情，找上门来，下了40只象耳牡丹尊订单。不过临走时却又表示，不相信衢州还有人能做出莹白瓷。徐文奎斩钉截铁地许下承诺，20天后来取货，做不出来就倒贴钱给他。20天过去，40只透亮皎洁、似象牙又似羊脂白玉的莹白瓷象耳牡丹尊放在那人面前，第一单顺利成交。这好比在沙漠里渴了多日的人终于喝上一口水，让他又有了继续走下去的信心。到了第二年，莹白瓷生意有了起色。并开始招收工人，白天培训工人，晚上做莹白瓷品种设计，几乎天天都要熬夜到凌晨两三点钟才会睡觉。莹白瓷渐渐有了些名气，来买莹白瓷的人越来越多，厂子开始进入良性循环[①]。

衢州莹白瓷因其特殊的品质，曾多次获省、部、厅级奖励，被北京故宫博物院、钓鱼台国宾馆收藏，并作为珍品赠送外国贵宾。2002年为了庆贺浙江省人民大会堂新馆落成，徐文奎特意制作了85厘米高的“如意耳牡丹纹瓶”陈列在衢州厅内，气势宏大，堪称一绝。2010年衢州白瓷之莹白瓷通过国家质检总局地理标志保护产品专家评审，被评定为国家地理标志保护产品[②]。同时，徐文奎将衢州地方文化特色以及中国古代传统文化元素融合到作品中，在陶瓷工艺美术上大胆创新，使莹白瓷产品更显古朴和地方特色。在装饰手法上，率先采用薄坯雕刻手法，充分展示了莹白瓷“晶莹如玉，玲珑剔透，器形生动，洁白无瑕”的特色[③]。

徐文奎也是莹白瓷“薄胎剔雕法”的首创者。所谓“薄胎剔雕法”是在不足3毫米的泥坯上剔雕而成，饰之以极具民族特色的浮雕、刻花工艺。在造型手法上，力求巧雅、秀丽，给人以清新、神化之美感。而这种技法，是徐文奎大半生与莹白瓷打交道下来，在充分了解莹白瓷特点的情况下研发出来的，“莹白瓷以瓷质细腻，釉面柔和，透亮皎洁，似象牙又似羊脂白玉而闻名遐迩。当胎的厚薄不同时，在光线下，莹白瓷的质感会发生多彩的变化”。[④]

“自1980年成功烧制以来，衢州莹白瓷作为一种高档白瓷，屡屡斩获大奖，其技术特色、工艺水准均受到了业界的高度赞誉。但工艺越高端、产品越精美，往往离日常生活也就越遥远。”作为衢州白瓷烧制技艺第二代传承人徐罗佳，已经接过父亲徐文奎的交接棒，成为衢州瓷器发展中涌起的“后浪”。

近年来，他和父亲徐文奎逐渐意识到，如果莹白瓷只是被各级博物

---

① 专心做自己的事，访衢州莹白瓷传承人徐文奎［EB/OL］. https://zj.qq.com/a/20160826/033536.htm.

② 骆江涛，2012. 衢州莹白瓷［J］. 浙江档案（8）：44-45.

③④ 徐文奎，骆江涛，2012. 走出荆棘的白瓷传承人［J］. 浙江档案（8）：46-47.

馆收藏，而不能走进大多数人的日常生活，那么他们千辛万苦研发的莹白瓷工艺，烧制的白瓷精品，只能是被束之高阁的白瓷标本。这不仅不利于白瓷工艺的传承，更无法将白瓷文化发扬光大。从2016年开始，他们开始了新一轮的探索，结合衢州的茶文化开发茶具。他们希望借助文化元素去开发文创衍生品，积极拓展文创大市场。如今，火神瓷业已成功开发了烂柯棋缘、南孔茶具、二十四节气等多套具有鲜明衢州特色的日用瓷茶具系列。还与故宫博物院合作烧制了一款方彝壶茶器，很受消费者欢迎。

“现在，我们正积极申报并入选浙江省文化产业示范基地和首批浙江省中小学生研学实践教育基地，同时开设非遗体验馆，这些都是火神瓷业传承白瓷工艺、弘扬工匠精神的重要举措。”如今，火神瓷业已发展为全市中小学生、企事业单位、社会机构等单位开展研学旅游的目的地，累计完成510余场、近19万人次的衢州莹白瓷公益性传承普及推广活动，入选2019浙江文化和旅游总评榜——浙江十佳研学旅游目的地。

如今，衢州莹白瓷，已经成为衢州的地标性非遗文化符号。茶与瓷的结合，使得这种非遗技艺重新焕发了生命。

附表1 2018年衢州市茶叶产量产值统计表

单位：吨、万元

县（市、区）	总产量	总产值	名优茶		其中扁形茶		其中香茶		其中红茶		其他茶类		
			产量	产值	产量	产值	产量	产值	产量	产值	茶类	产量	产值
衢江	1 610	17 014	705	12 922	352	6 500	452	2 712	10	182	—	—	—
常山	259	2 260	156	1 750	28	380	38	260	2.6	55	—	—	—
龙游	3 036	7 502	308	5 539	266	4 962	25	145	12	432	—	—	—
开化	2 232	80 700	1 780	78 800	80	515	452	1 800	179	9 100	白茶	2.8	120
江山	2 250	18 500	1 630	16 650	210	3 780	35	120	210	2 100	珠茶	310	280
合计	9 387	125 976	4 579	115 661	936	16 137	1 002	5 037	413.6	11 869	—	312.8	400
上年	8 242	111 166	3 966	100 650	668	10 640	709	4 545	335.5	10 910	—	302.6	404
同比	14%	13.3%	15.5%	15%	40%	51.7%	41.3%	10.8%	23.5%	8.8%	—	3.4%	-1.0%

注：香茶是指用中小叶种鲜叶，采用循环滚炒等特定工艺加工而成，具有高香特征的优质炒青绿茶。其他茶类是指六大茶类中的乌龙茶、黑茶、白茶、黄茶类。

附表2　2018年衢州市茶叶面积统计表

单位：吨、亩

县（市、区）	茶园总面积	其中采摘茶园面积	无公害茶		其中有机茶（绿色食品茶）			无性系茶园面积	
			生产面积	产量	生产企业数	生产面积	产量	总面积	新发展茶园面积
衢江区	31 500	27 500	31 500	1 610	6	2 768	137	20 790	1 200
常山县	11 250	9 400	11 250	259	2	370	8	2 300	400
龙游	32 260	26 750	26 050	2 957	4	2 320	263	19 104	1 900
开化县	124 710	95 000	95 000	2 232	7	2 650	98	69 600	210
江山	51 500	48 000	48 000	2 250	8	5 000	430	33 150	350
合计	251 220	206 650	211 800	9 308	27	13 108	936	144 944	4 060
上年	248 150	205 700	208 300	7 981	25	13 008	858.8	140 134	4 260
同比	—	—	—	16.6%	—	—	9.0%	3.4%	−5%

附表3　2018年衢州市茶产业从业人员与产值情况统计表

县（市、区）	茶产业从业总人数（人）	其中			茶产业总产值（万元）	其中		
		从事一产业人数（人）	从事二产业人数（人）	从事三产业人数（人）		第一产业产值（万元）	第二产业增值（万元）	第三产业增值（万元）
衢江	7 000	6 000	500	500	19 014	15 014	2 000	2 000
常山	340	180	110	50	3 080	2 260	400	400
龙游	7 030	5 800	850	380	23 140	7 502	14 000	1 620
开化	100 100	72 000	15 000	13 100	175 000	80 700	28 400	65 900
江山	10 500	9 700	550	300	18 500	11 400	5 500	1 600
合计	124 970	93 680	17 010	14 330	238 734	116 876	50 300	71 520
上年	126 070	96 425	16 515	13 330	216 550	107 266	57 350	53 647
同比	−1 100	−2 745	495	1 000	22 184	9 610	−7 050	17 873

注：1. 从事一产业：指茶农；2. 从事二产业：指加工和流通；3. 从事三产业：指相关茶馆、茶文化类；4. 第一产业产值：指生产初产品产值，包括初制茶厂部分；5. 第二产业增值：指流通与精加工增值部分；6. 第三产业增值：指茶相关产业产值。

后 记

衢州产茶，有1 200多年的历史。从唐代瓷具，到明代贡茶，再到民国时出口商贸，浙西衢州地区的茶业发展确有其轨迹可循。正因为这些良好的历史积淀，也为其后东南茶叶改良总场的建立打下了基础。1941年衢州成为中国茶业革命的实验地，引来重要的发展契机。这段时光成为衢州茶叶发展历史上的高光时刻，在黑暗的战争时期，点亮了人们的革命热情。

如今，当年的改良场已不复存在，但千里岗山脉依旧巍峨，实验改革的精神依旧澎湃。当下的衢州，茶业依旧是重要的农业主导产业之一。以农业供给侧结构性改革为主线，按照三产交融、跨界打通、全价利用的理念，充分发挥衢州绿茶核心产区和“中国茶机之都”的优势，做精名茶、做优香茶、做大出口茶、做强深加工，全面构建茶叶、茶机、茶具、茶籽油“四茶”联动发展新格局。在80年后，以全新的视角、全产业链的理念，全面构建起产业联动发展的新格局，为乡村振兴注入了新动能。

茶产品结构，逐渐形成了以绿茶为主，红茶、黄茶、青茶、白茶、黑茶为补充，名茶为引领，香茶、抹茶、速溶茶、茶多酚等全面发展的多层次、多品类的茶产品结构。全力打响了“中国茶机之都”品牌，推进衢州茶机由加工制茶机械向采茶机械延伸发展。以茶机数字化、智能化为主攻方向，茶机生产由“制造”向“智造”转型。不断延伸茶机产业链，提升价值链，以茶机产品创新推动茶产业发展。并且，依托莹白瓷、衢窑青瓷等名贵瓷器，以及江山木业、龙游竹木、开化根雕等特色产业，开发出了“悠悠茶香、衢州有礼”系列壶、碗、杯、盘、托等饮茶产品，打造具有衢州特色的茶具产业。同时，加强夏秋茶资源化利用，示范推广茶、籽两用茶树新品种，加强茶籽油、茶籽饼等利用研发，形成衢州茶资源综合利用新业态。并且，茶叶公用品牌也在崛起，“开化龙顶”“衢州玉露”“江山绿牡丹”“龙游黄茶”“常山银毫”等县域公用品牌，响亮全国。

如今，衢州也开始重视茶文化的建设，以文化和科技作为茶产业发展的两翼，举办“全民饮茶日”活动，健全茶籽油、茶籽饼开发利用产业链。推进“六茶共舞，三产融合”，以“文明”“有礼”“闲雅”为内涵，以“国粹”“国饮”为精髓，通过茶事活动，全力配合打造“南孔圣地衢州有礼”城市品牌。建设茶文化旅游村，开发茶文化创意产品，发展茶乡游、茶博园、茶楼等茶旅融合项目，培育茶产业发展新的增长点。以生态茶园、茶叶主导产业示范区和特色精品园为基础，加快茶产业一二三产融合发展，培育基于茶产业的精品民宿、博览园、乡村旅游线路等，加快乡村休闲旅游发展。积极发展茶产业文创事业，支持各类主体打造茶品类IP、开展创意包装设计、茶艺表演、衍生产品等特色鲜明、功能各异的文创产品。围绕建设“一座最有礼的城市”，大力倡导“茶为国饮”的理念，积极举办全民饮茶日活动，在南孔书屋等公共场所普及茶文化知识，推进茶文化进机关、进学校、进企业、进社区，不断浓厚茶文化氛围。“四茶”联动是衢州茶产业发展的一盘棋，而从茶叶改良到茶文化探索，则体现了新时代的产业发展变化思路。

本书的诞生，源于衢州市茶文化研究会对茶产业振兴的高瞻远瞩的见识。衢州市茶文化研究会自成立以来，坚持以茶文化为引领，提高茶事能力水平，服务茶产业发展，推动“六茶共舞”实践发展。以特色文化作为可持续发展的新路径，通过对茶文化资源的调研和梳理，打造新时代的文化发展试验区。这是新时代下的文化改良运动，与1941年的茶叶改良运动，精神一脉相承。茶，不再只是一片叶子，而成为一个有机的整体。在科学制茶的前提下，挖掘茶的文化内涵，与城市品牌融为一体。

一茶，一礼，于是成就了“一座最有礼的城市”——衢州。

图书在版编目（CIP）数据

问茶衢州：北纬30°的茶汤之味 / 沈学政，程相主编. —北京：中国农业出版社，2023.3
ISBN 978-7-109-29755-5

Ⅰ.①问… Ⅱ.①沈… ②程… Ⅲ.①绿茶—茶文化—文化史—衢州 Ⅳ.①TS971.21

中国版本图书馆CIP数据核字（2022）第136705号

问茶衢州
WENCHA QUZHOU

中国农业出版社出版
地址：北京市朝阳区麦子店街18号楼
邮编：100125
责任编辑：姚　佳
版式设计：杨　婧　　责任校对：张雯婷
印刷：北京通州皇家印刷厂
版次：2023年3月第1版
印次：2023年3月北京第1次印刷
发行：新华书店北京发行所
开本：700mm × 1000mm　1/16
印张：11.25
字数：170千字
定价：88.00元